MOTOR
HARLEY-DAVIDSON
COMPANY

Harley-Davidson

BEGEGNUNG MIT DER LEGENDE

3-D-Model-Rendering MARCO DE FABIANIS MANFERTO

Text PASCAL SZYMEZAK

Inhalt

HARLEY OWNERS GROUP
CHAPTER
SCOTLAND
CLYDE VALLEY
HARLEY OWNERS GROUP
10
YEAR
MEMBER
HOG 2010
20 HOG 11
HOG 2006
1903 HARLEY-DAVIDSON 2003
20 YEARS OF H.O.G.
2003
HOG 2005
25
2008
HOG 2002
HOG 2004

Eine Marke mit Geschichte

Eine Harley-Davidson sein Eigen zu nennen bedeutet nicht nur, ein Motorrad zu besitzen, sondern auch ein ganz spezifisches Stück amerikanischer Kulturgeschichte. Vom Vorderrad bis zum Heckfender sind die Linien, die man heute an einer Harley-Davidson findet, immer noch von den früheren Modellen inspiriert, von denen sie abgeleitet wurden. Die Marke ist dem technischen Design, dem Stil und dem Charakter der Motorräder, die die Fans seit Generationen begeistern, treu geblieben. Jedoch war dies nicht immer einfach, im Besonderen angesichts der zunehmenden Konkurrenz durch japanische Anbieter in den 1960er- und 1970er-Jahren, die zeitgleich auch den britischen Motorradherstellern schwer zu schaffen machte.

Am Ende dieser Ära hatte Harley-Davidson Mühe, seine Motorräder mit Gusseisenmotoren zu verkaufen, außer an einige besonders treue Fans, die das Image der »besonderen Motorräder« verstärkten – vor allem durch Kultfilme wie *Die wilden Engel* oder *Easy Rider*.

Die Einführung des neuen »Evolution«-Aluminiummotors zu Beginn der 1980er-Jahre versetzte Harley-Davidson in die Lage, die Mechanik seiner Bikes in Sachen Zuverlässigkeit und Leistung an die modernen Standards anzupassen und dennoch dem Markenkonzept treu zu bleiben. Man verzichtete auf Reihen-Mehrzylinder- sowie Sportmotoren, und auch der Evolution-Motor blieb ein traditioneller V-Twin, der in dem üblichen, von Harley-Davidson modifizierten Fahrgestell untergebracht war, während gleichzeitig ein neues Modell etabliert wurde: die Softail. Anstatt mit anderen Motorrädern des Custom-Typs zu konkurrieren, hatte die Softail ihre eigenen Charakteristika. Einen großen V-Twin-Motor, untergebracht in einem Fahrgestell im Starr-Rahmen-Look, wie bei der berühmten Hydra Glide der Epoche. Harley-Davidson blieb seiner Firmenphilosophie treu, unterschied sich dadurch auf radikale Art und Weise von der Konkurrenz und konzentrierte sich aktiv auf sein Medienimage als Hersteller von zeitlosen Motorrädern, konzipiert für die Ewigkeit.

Und der Plan ging auf! Die Marke wurde zu einem profitablen Motorradhersteller, der sich ohne Zugeständnisse an seinen Marktanteil durch die Entwicklung immer modernerer und doch kultiger Krafträder durchgesetzt hat. Die Motoren, nach wie vor legendäre traditionelle V-Twins (mit einigen Variationen, um neue Kunden anzusprechen), wurden im Laufe der Zeit modernisiert, leben aber immer noch von dem Geist, der Harley-Davidson von Anfang an ausgezeichnet hat.

Eine Harley-Davidson zu fahren ist nicht zu vergleichen mit dem Steuern eines anderen Motorrads. Wer eine »H-D« lenkt, kann wirklich mit ihr kommunizieren, ihre Mechanik spüren und ihre Besonderheiten mit allen Sinnen erleben. Ob es sich nun um »Harleyisten« handelt, die auf große Fahrt durch Amerika gehen, um einen jungen Biker, der sein Motorrad jeden Tag im Stadtverkehr benutzt, um einen frischgebackenen Millionär, der sich eine außergewöhnliche Maschine kauft, oder um einen Oldtimer-Sammler – in allen brennt die gleiche Leidenschaft. Besitzer von Harley-Davidsons kümmern sich um ihre Maschinen, hegen und pflegen sie, fügen Zubehör hinzu oder restaurieren sie. Und vor allem kommunizieren sie mit ihnen »on the road« – denn eine Harley-Davidson ist nicht nur ein Motorrad, sie ist ein Lebensgefühl!

3: Gedenkplaketten beim Jubiläum von Harley Owners Group und Harley-Davidson.

5: Harley-Davidson ist eine Motorradmarke, die sowohl Männer als auch Frauen anspricht und immer stilvoll ist.

ARLEY-DAVIDSON

Eine Legende auf zwei Rädern

e Legende auf zwei Rädern • Eine Legende auf zwei Rädern • Eine
nde auf zwei Rädern • Eine Legende auf zwei Rädern • Eine Legen-
f zwei Rädern • Eine Legende auf zwei Rädern • Eine Legende auf
i Rädern • Eine Legende auf zwei Rädern • Eine Legende auf zwei
rn • Eine Legende auf zwei Rädern • Eine Legende auf zwei Rädern
e Legende auf zwei Rädern • Eine Legende auf zwei Rädern • Eine
nde auf zwei Rädern • Eine Legende auf zwei Rädern • Eine Legen-
uf zwei Rädern • Eine Legende auf zwei Rädern • Eine Legende auf
i Rädern • Eine Legende auf zwei Rädern • Eine Legende auf zwei
rn • Eine Legende auf zwei Rädern • Eine Legende auf zwei Rädern
e Legende auf zwei Rädern • Eine Legende auf zwei Rädern • Eine
nde auf zwei Rädern • Eine Legende auf zwei Rädern • Eine Legen-
f zwei Rädern • Eine Legende auf zwei Rädern • Eine Legende auf
i Rädern • Eine Legende auf zwei Rädern • Eine Legende auf zwei
rn • Eine Legende auf zwei Rädern • Eine Legende auf zwei Rädern
e Legende auf zwei Rädern • Eine Legende auf zwei Rädern • Eine
nde auf zwei Rädern • Eine Legende auf zwei Rädern • Eine Legen-
uf zwei Rädern • Eine Legende auf zwei Rädern • Eine Legende auf
i Rädern • Eine Legende auf zwei Rädern • Eine Legende auf zwei
rn • Eine Legende auf zwei Rädern • Eine Legende auf zwei Rädern
e Legende auf zwei Rädern • Eine Legende auf zwei Rädern • Eine
nde auf zwei Rädern • Eine Legende auf zwei Rädern • Eine Legen-
f zwei Rädern • Eine Legende auf zwei Rädern • Eine Legende auf
i Rädern • Eine Legende auf zwei Rädern • Eine Legende auf zwei
rn • Eine Legende auf zwei Rädern • Eine Legende auf zwei Rädern
e Legende auf zwei Rädern • Eine Legende auf zwei Rädern • Eine
de auf zwei Rädern • • Eine Legende auf zwei Rädern • Eine Legen-
uf zwei Rädern • Eine Legende auf zwei Rädern • Eine Legende auf

Harley-Davidson? Selbst für diejenigen, die sich nicht als Motorradfans bezeichnen, hat dieser Name einen speziellen Klang. Motorradenthusiasten wissen, dass es sich bei Maschinen dieser Marke um etwas ganz Besonderes handelt – um ein modernes Gefährt mit einer bemerkenswert reichen Geschichte, die man Kilometer für Kilometer im Rausch der Geschwindigkeit »erfährt«. Und für die wahren Harley-Davidson-Fans repräsentiert dieser Name die älteste ununterbrochen produzierende Motorradmarke der Welt, mit Maschinen, die mit dem ersten Wummern des Motors eine einzigartige Leidenschaft entfachen.

Mit dem ersten Harley-Davidson-Motorrad verwirklichten sich zwei Freunde einen Traum (William S. Harley und Arthur Davidson), den die anderen Davidson-Brüder William A. und Walter bald teilten. Die Erfolgsgeschichte beginnt in den USA, Anfang des 20. Jahrhunderts, in einer Zeit, als überall auf der Welt neue Technologien aufkamen. In einer Ära, in der alles denkbar schien, da zahlreiche Erfinder neue Fahrzeuge konzipierten und sie, besser noch, tatsächlich anfertigten. Viele neue Motorrad- und Automarken formierten sich, als innovative Motortechnologien sich ausbreiteten. Diese Technologien entwickeln sich auch heute noch weiter, da jeder Hersteller und Erfinder mit neuen Ideen experimentiert.

Offiziell startet die Geschichte der Harley-Davidson Motor Company 1903, aber die wahre Geburtsstunde geht auf das Jahr 1901 zurück und beginnt mit der Freundschaft der beiden Namensgeber. William S. Harley, Sohn einer eingewanderten englischen Familie, beginnt im Alter von 15 Jahren, bei einem Fahrradhersteller zu arbeiten. Er liebt die Mechanik und ist ein talentierter Zeichner. Mit 21 Jahren beginnt er eine Ausbildung zum Technischen Zeichner in einem metallverarbeitenden Betrieb in Milwaukee, wo er sich mit einem früheren Schulkameraden – mittlerweile Modellbauer – Arthur Davidson anfreundet, dessen Familie aus Schottland in die USA eingewandert war. William und Arthur teilen eine Leidenschaft. Vom Automobil bis zum Fahrrad interessieren sich beide für alle Innovationen im Bereich der Mechanik – so auch für ein neues Transportmittel: das Motorrad.

8–9: Die Gründer der Harley-Davidson Motor Company 1910 vor ihrem Firmengelände. von links nach rechts: Arthur Davidson, Walter Davidson, William S. Harley und William A. Davidson.

OFFICE
HARLEY-
VIDSON
CO.
17119

10–11: Die ersten Wettrennen der sogenannten »Gypsy Tour« zogen sich über lange Distanzen hin und bestanden aus verschiedenen Etappen, die mehrere Tage und Nächte dauerten. Wenn sie erschöpft waren, schliefen die Fahrer (und ihre Beiwagenpassagiere) in einem Zelt neben ihren Maschinen, daher der Name »Gypsy«.

11 Mitte: Die Harley-Davidsons aus dem Jahr 1912 weisen ein neues Design und eine verringerte Sitzhöhe auf. Wenn ein Beifahrer mitgenommen werden sollte, konnten die Maschinen mit einem zusätzlichen Hecksitz ausgestattet werden.

1901 beschließen die beiden Tüftler, ein Motorrad zu bauen. Sie experimentieren mit der Integration eines ersten Motors in einen Fahrradrahmen, 1902 entwickeln sie einen speziellen Rahmen und einen neuen, leistungsfähigeren und fortschrittlicheren Motor. Aber erst im Winter 1902/1903 realisieren sie in Zusammenarbeit mit Walter Davidson de facto ein erstes Motorrad. Walter bleibt eine Zeit lang noch als Eisenbahnmaschinist angestellt und beteiligt sich dann an der Gründung des Unternehmens. Seine beruflichen Kenntnisse machen ihn zu einem wertvollen Spezialisten in Sachen Fahrzeugbau. Er ist auch ein fähiger Geschäftsmann und wird 1907 der erste Präsident der Harley-Davidson Company, später trägt er als Rennfahrer außerdem viel zur Bekanntheit der Marke bei. Als Nächster kommt der dritte und älteste Bruder ins Team, William A. Davidson. Er ist Vorarbeiter einer Eisenbahngesellschaft und stellt vermutlich die Teile für das erste Motorrad des Unternehmens her – auch er gibt seinen festen Job auf, um sich ganz dem Firmenaufbau zu widmen und sich kompetent um Konzeption der Betriebsprozesse, Durchführung technischer Verbesserungen und Ausrüstungsbeschaffung zu kümmern.

Das erste Modell läuft 1903 zum ersten Mal. Es wird am Hinterrad mit einem Lederriemen angetrieben, der manuell mithilfe eines Hebels gespannt wird, außerdem verfügt es über einen Pedalstarter und einen Einzylindermotor mit 405 cm^3 Hubraum. Der Motor basiert weitgehend auf dem innovativen Einzylindermotor, den der französische Hersteller de Dion-Bouton kürzlich auf den Markt gebracht hat.

Und da wäre sie also, die erste Harley-Davidson: von William Harley erdacht, von Arthur Davidson entworfen und von Walter Davidson gebaut. Während dieses erste Modell Gestalt annimmt, errichtet der Vater der Brüder, William C. Davidson, einen Schuppen hinter dem Familienhaus, der bald zur ersten Werkstatt des Unternehmens ausgebaut wird.

1903 baut und verkauft Harley-Davidson Motor Co., deren Name nun auf einem Schild über der Werkstatt prangt, zwei weitere Modelle. Im Jahr 1904 steigt die Produktion auf acht Motorräder. 1905 verdoppelt sich die Größe der Werkstatt durch einen Flügelanbau und 16 weitere Harley-Davidsons gehen »on the road«. 1906 wird eine kleine Fabrik in der Chestnut Street (später Juneau Avenue) eingerichtet, das Unternehmen beschäftigt sechs Mitarbeiter in Vollzeit und produziert insgesamt 50 Maschinen. Es gibt nun ein neues Modell namens Silent Grey Fellow (Stiller Grauer Kamerad), das immer noch mit einem Einzylindermotor ausgestattet ist – wie alle 150 der von Harley-Davidson hergestellten Motorräder im Jahr 1907. 1908 steigt die Produktion auf 450 Exemplare an. Ein neues Modell mit einem größeren Motor wird 1909 in den Fuhrpark aufgenommen, aber dem Einzylinder bleibt man treu. Er gewinnt 1909 einige Kubikzentimeter an Hubraum (nun 495 cm^3) und ist in vier Modellen erhältlich.

1909 kommt das Modell 5D auf den US-Markt, ausgestattet mit dem ersten »V-Twin« von Harley-Davidson. Diese neue Motorengeneration, deren zwei Zylinder in einem Winkel von 45 Grad angeordnet sind, hat eine besondere Form, die in der Motorradgeschichte bis heute mit Harley-Davidson assoziiert wird. In diesem ersten Produktionsjahr baut und verkauft Harley-Davidson 27 V-Twin-Motorräder mit fast sieben PS und einem Hubraum von 811 cm^3. Sich bald zeigende Probleme – unzureichende Zuverlässigkeit aufgrund der für den V-Twin ungeeigneten Vakuumventile und der mangeln-

12: Binnen kürzester Zeit erkannte das Unternehmen den Nutzen eines soliden Vertriebsnetzes, wie diese wichtige Lieferung neuer Motorräder an eine Niederlassung in New England im Jahr 1914 bewies.

den Spannung des Riemenantriebs – führen jedoch dazu, dass das Modell Ende des Jahres aus dem Sortiment genommen wird.

1909 verkauft die Firma 1122 Einzylinder-Motorräder und kann erfolgreich in internationale Märkte expandieren. Im Jahr 1910 gewinnen Privatfahrer auf Harley-Davidsons sieben Titel bei Geschwindigkeits-, Langstrecken- und Bergrennen, was zur Popularität der Marke beiträgt, die in diesem Jahr erstmals das berühmte »Bar and Shield«-Logo nutzt. 1911 kehrt der V-Twin-Motor mit dem Modell 7D (811 cm^3) zurück und wird bis 1929 als »F-Head« vermarktet. Dieses Motorrad leidet nicht mehr unter den früheren Mängeln und hat sogar einen verstärkten Rahmen.

1913 wächst die Größe des Einzylindermotors beim 35-Kubikzoll-F-Head auf 565 cm^3 an, wobei einige Modelle den Kettenantrieb übernehmen, während alle 61-Kubikzoll-V-Twins Riemen nutzen. Dieser Motor treibt ein neues Fahrzeug an: den »Truck Package« oder »G Forecar Delivery Van«, ein dreirädriges Motorrad mit integriertem Laderaum. Die Verkäufe von Maschinen mit V-Twin, auch ohne Berücksichtigung des G-Modells, übersteigen mit 6782 Exemplaren die von Einzylinder-Maschinen (6111). Die Rennsportabteilung ist geboren. 1914 verdrängen die Kettenmodelle, insbesondere mit V-Twin, die Einzylinder-Maschinen mit Riemenantrieb. Alle Modelle verfügen nun über Kupplungs- und Bremspedale.

13: Modell 8 mit einem 30-Kubikzoll-Einzylindermotor und dem neuen Fahrgestell von 1912 wurde 1913 zu Modell 9 mit einem 35-Kubikzoll-Motor weiterentwickelt.

1916 erscheint erstmals die Zeitschrift *The Enthusiast*, die sich an registrierte Händler und Besitzer von Harley-Davidson-Maschinen wendet, und der Motorradhersteller führt eine Standardisierung ein: Rahmen, Trittbretter und Bremsen sind nun für alle Modelle gleich. Bei den Dreigang-Maschinen verschwinden die Pedale – die letzten Relikte der Fahrradvergangenheit – zugunsten des Kickstarters. Im Frühjahr desselben Jahres beteiligt sich Harley-Davidson zum ersten Mal als Ausstatter bei einer US-Militäroperation, gegen Pancho Villa in Nordmexiko. Am 6. April 1917 erklären die Vereinigten Staaten Deutschland den Krieg, und die US-Armee kauft fast die Hälfte der 18 522 in diesem Jahr produzierten Harley-Davidson-Motorräder auf. Im Jahr 1918 produziert das Unternehmen 26 708 Maschinen, darunter 8095 Exemplare der FUS-Modelle, rein für den militärischen Gebrauch bestimmt.

Zur gleichen Zeit, zwischen 1917 und 1921, baut und verkauft die Firma aus Milwaukee auch Harley-Davidson-Motorräder. 1919 verschwinden Einzylinder aus dem Katalog. Die neue W Sport Twin (584 cm^3) mit flachem Boxermotor (Kurbelwelle querliegend) ist ein innovatives Konzept eines sportlichen und leichten Motorrads, das jedoch nicht den erwarteten Erfolg bringt.

1920 investiert Harley-Davidson in eine Werbekampagne, bei der das Unternehmen seine Fahrzeuge mit denen konkurrierender KFZ-Anbieter vergleicht. In jener Zeit ist der Kauf eines Automobils bei einem Wochenlohn von 5-10 US-Dollar eine beträchtliche Investition, Motorräder sind da deutlich erschwinglicher. Das Unternehmen diversifiziert seine Modelle, die von 20 000 Händlern in 67 Ländern vertrieben werden.

14: Ein kleiner Junge zeigt seinem Vater das Objekt seiner Begierde: ein Harley-Davidson-Motorrad. Das Thema dieser Anzeige aus dem Jahr 1917 ist heute noch ebenso aktuelll wie damals.

Der 74-Kubikzoll-V-Twin (1200 cm^3) erscheint bei den JD- und FD-Modellen – immer ausgestattet mit drei Gängen – zusammen mit dem 61-Kubikzoll-V-Twin und der WJ Solo mit einem Flat-Twin-Motor. Der Einzylinder kehrt zurück, aber nur für den kommerziellen Gebrauch, basierend auf einem 74-Kubikzoll-Motor, bei dem ein Zylinder ausgebaut wurde. Dieser 37-Kubikzoll-Motor (mit 606 cm^3) ist im gleichen Rahmen montiert wie der 74-Kubikzoll-Motor.

Die Produktion ist jedoch rückläufig, vor allem aufgrund konkurrierender Automobile wie dem Ford Modell T, die in großen Stückzahlen produziert zu Preisen angeboten werden, die kaum über denen eines Motorrads liegen – ein Problem, auf das Harley-Davidson mehrere Jahre nicht reagiert.

1926 antwortet Harley-Davidson auf das Einzylinder-Motorrad Prince der Indian Motorcycle Company mit einer Rückkkehr zu den Einzylindern und stellt mehrere Modelle mit Querverteilung sowie OHV-Magnet- oder Batteriezündung vor. Mit einem Zylinder von 345 cm^3 macht sich die Peashooter bald einen Namen auf der Rennstrecke. Im ersten Jahr sind die Verkäufe mit 7990 Exemplaren ein echter Erfolg. 1927 erweitert Harley-Davidson seine Motorradproduktion zu Wettbewerbszwecken zusätzlich zu seiner Produktlinie für den Endverbraucher, was sehr zum Aufbau des Markenimages beiträgt.

Harley-Davidson ergänzt seine Motorräder um eine zweite Bremse am Vorderrad und bietet seinen F-Head-Motor der neuesten Generation ab 1928 in Hochleistungsversionen (High Output) für V-Twin 61 und 74 an. Die J-Two-CAM-Modelle sind mit zwei Nockenwellen ausgestattet, die die Ventile durch Tassenstößel anstelle von Kipphebeln betätigen.

Walter Davidson kündigt im Oktober 1927 als Präsident des Unternehmens bei einer Aktionärsversammlung eine aufregende Neuerung an. Die Ankunft des »Twin 45« steht unmittelbar bevor.

15 OBEN: AM 29. SEPTEMBER 1923 STELLT FRED DIXON MIT SEINER 989ER-HARLEY-DAVIDSON UND D. H. DENNY IM SEITENWAGEN MIT 140,6 KM/H EINEN NEUEN REKORD AUF.

15 UNTEN: FÜR DIE SAISON 1926, IN DER ES NICHT MÖGLICH WAR, EIN PEASHOOTER-MODELL ZU KAUFEN, ENTWIRFT AUGUST WOLTERS EIN MOTORRAD AUF BASIS DER HARLEY-DAVIDSON VON 1924, AUSGESTATTET MIT DER RENNGABEL EINER FLYING MERKEL UND ANGETRIEBEN VON EINEM CYCLONE-MOTOR, WOBEI DER HINTERE ZYLINDER ENTFERNT UND DER ANDERE AUF DEN ERFORDERLICHEN HUBRAUM REDUZIERT WURDE.

83

16–17: In den 1920er-Jahren finden auch Motorradrennen zwischen den Firmengründern statt.

17 rechts: 1934 schmückt Harley-Davidson seine Motorräder, wie diese VLD 74, in Anlehnung an den damaligen Zeitgeist mit einem Logo im Art-déco-Stil, platziert in einer verlängerten Raute.

Unter der neuen Generation der Harley-Davidson-Modelle, die 1929 herauskommen, ist auch die D 45 Flathead (742 cm^3) mit drei Gängen. Der gewaltige Börsencrash im Oktober 1927 hat verheerende Auswirkungen auf die US-Wirtschaft, sodass am Ende des Jahres nur noch Indian und Excelsior als amerikanische Motorradhersteller mit Harley-Davidson konkurrieren. Die Ankunft des C-30,5-Kubikzoll-Flathead (500 cm^3) mit Seitenventil erneuert die Einzylinderreihe. Dieser robuste und zuverlässige Motor ist auf dem Rahmen des Einzylindermodells B21 montiert. 1930 gewinnt William Davidson Jr. die 20. Austragung des berühmten »Jack Pine Endurance«-Rennens mit 997 von 1000 Punkten auf einer DLD Special Sport Solo 45 mit Flathead-V-Twin. Während der 61-Kubikzoll-Motor verschwindet, ersetzt der 74-Kubikzoll mit Seitenventilen in V- und VL-Modellen den F-Head 74 und den Two Cam. Die Auswirkungen der Depression fordern nach wie vor ihren Tribut. 1931 stellt die Indian Motorcycle Company, die nur noch zehn Prozent ihrer Werkskapazitäten ausschöpft, mit nur 10 407 produzierten Motorrädern die einzige Konkurrenz für Harley-Davidson dar. Nichtsdestotrotz startet der Marktführer eine Studie über einen seitengesteuerten V-Twin-Flathead-Motor mit 45 Kubikzoll, der trotz einiger Modifikationen eine lange Karriere machen wird. Unter dem Namen GE wird er bis 1973 das berühmte Servi-Car antreiben, ein dreirädriges Motorrad mit einem geräumigen Laderaum auf Mitte der Hinterachse. Ausgestattet mit drei Gängen und Rückwärtsgang erscheint das Dienstfahrzeug 1932 mit dem R 45 V-Twin-Motor, neuen Zylindern und zahlreichen Modifikationen als Ersatz für Modelle der Baureihe D 45. Genutzt werden diese wendigen Alleskönner insbesondere von Handwerkern, von der Polizei sowie von KFZ-Mechanikern, die sie sogar zum Abschleppen einsetzen.

Der CB 30,5-Kubikzoll-Einzylinder-Flathead mit B21-Rahmen erscheint 1931, aber die Einzylinder-Baureihe verschwindet 1935. Einzige Überbleibsel im Katalog sind die 45- und 74-Kubikzoll-V-Twin-Motoren, die dem neuen 80-Kubikzoll-Motor Gesellschaft leisten, der nach dem gleichen Prinzip wie der V-Twin-Flathead mit Seitenventilen gebaut und im Gehäuse eines 74-Kubikzoll montiert wird. Schließlich kommen 1936 die V-Twins E und EL 61 mit OHV-Ventilsteuerung zum Einsatz – dieser »Knucklehead«-Motor ist nicht nur innovativ, sondern mit seinem evolutionären Stil einzigartig bei Harley-Davidson. Der Motor, der fast zehn PS mehr erzielt als der 1200-cm^3-Flathead, ist mit Viergang-Getriebe, Öltank und knöchelförmigen Zylinderkopfabdeckungen ausgestattet, denen er seinen Namen verdankt. Durch Jo Petrali wird er zur Legende, der mit einem Motor dieses Typs 1937 am Strand von Daytona mit 219 km/h einen Geschwindigkeitsweltrekord aufstellt.

18–19: Patriotisches Plakat der US-amerikanischen Regierung, auf dem Soldaten auf ihren WLAs posieren.

1937 ersetzt die Baureihe W 45 Flathead, mit Motoren mit Seitenventilen, die mit einem neuen Ölkreislauf und einer ähnlichen Ästhetik wie der Knucklehead ausgestattet sind, die R 45-Modelle. VL und V weichen Flathead U und UL, immer noch mit Hubräumen von 74 und 80 Kubikzoll, aber mit Viergang-Getriebe. 1938 stattet Harley-Davidson die W 45 mit einem Viergang-Getriebe aus, und ab 1939 steigern Verbesserungen des Schmiersystems und der Ölpumpe die Zuverlässigkeit.

1940 erhalten die WLD- und WLDR-Modelle der W 45 Zylinderköpfe aus Aluminium. Mehr als 35 000 Ordnungshüter werden mit Harley-Davidson-Maschinen ausgerüstet, und nun interessiert sich auch das US-Militär für diese Motorräder. Die Armee gibt zunächst 745 WLAs in Auftrag, als die militarisierte Version der WL, und dann die 185 WLA und Flathead 74.

In einem Rennen gewinnt Babe Tancredi das 200-Mile Expert Race Class C auf einer WLDR 45. 1941 produziert Harley-Davidson die WR Racer mit 45-Kubikzoll-Flathead, einen echten Rennflitzer, ausgehend von der WLDR 45. Die F-74-Release-Version (1200 cm^3) des Knucklehead vervollständigt diese Linie 1941 mit einem noch leistungsstärkeren Motor. Die beiden Modelle mit 61 und 74 Kubikzoll profitieren von einer wichtigen Motorüberholung mit neuer Ölpumpe, neuem Kurbelgehäuse, neuen Bremsen sowie einer neuen Kupplung.

Aber die Militärproduktion dominiert in der Fabrik, und der Verkauf von zivilen Motorrädern sinkt auf etwa 6000 Exemplare, während insgesamt 24 583 Motorräder produziert werden, und dies markiert das letzte Jahr der 80-Kubikzoll-U-Modelle. Am 7. Dezember 1941 greift Japan Pearl Harbor an. Und am 8. Dezember erklären die USA Japan, das mit Deutschland verbündet ist, den Krieg. 1942 produziert Harley-Davidson einige 45-Kubikzoll-WLAs für die US-Armee und WLCs für das kanadische Militär, sowie U-Modelle mit 74 Kubikzoll für die US-Armee, zusätzlich 45 Exemplare einer 61-Kubikzoll-Knucklehead, der ELC, für das kanadische Militär. In diesem Jahr wird die XA ausgeliefert (mit einem 45-Kubikzoll-Flathead-Motor mit Wellenantrieb), die von der Armee angefordert wird, die die nordafrikanische Front angreifen will. Die 1011 hergestellten Exemplare sehen allerdings nie das Schlachtfeld. Nach dem Krieg wird die Armee die Maschinen an die Zivilbevölkerung verkaufen.

1943 werden keine Harley-Davidsons mehr für zivile kommerzielle Märkte hergestellt; die Regierung erlaubt jedoch die Bereitstellung von 137 Harley-Davidson-Motorrädern für amerikanische Polizeikräfte. Im Februar 1944 storniert das US-Militärdepartement eine Bestellung von 11 331 Motorrädern. Am 6. Juni landen die Alliierten in der Normandie, und am 27. Juli werden 450 Motorräder, die ursprünglich für die Armee bestimmt waren, auf dem zivilen Markt angeboten; ebenso 600 weitere neue Maschinen am 8. September. Die Harley-Davidson-Produktion dieses Jahres liegt bei 18 688 Motorrädern. Der Sieg über die Nazis wird am 8. Mai 1945 und der über Japan am 14. August 1945 gefeiert. Während des Zweiten Weltkriegs liefert Harley-Davidson mehr als 88 000 Militärmodelle der WLA und WLC sowie genügend Ersatzteile aus, um 30 000 weitere zu bauen. Die US-Regierung beginnt, Überschüsse an die zivile Öffentlichkeit zu verkaufen.

Im November werden im Rahmen der Produktion von zivilen Motorrädern optional Aluminiumköpfe für die 45-WL- und 74-U-Modelle angeboten.

Harley-Davidson lässt die Produktion der 45-Kubikzoll-Flathead WR Racer im Jahr 1946 wieder aufleben, ein Rennmotorrad, das bis 1952 hergestellt wird. Die Produktion steigt um 30 Prozent, obwohl die US-Regierung 15 000 WLAs aus dem Armeeüberschuss zum Verkauf anbietet. Als Ausgleich für ihr Kriegsengagement erhalten Harley-Davidson und die Birmingham Small Arms Company im

20: 1947 wird das letzte Produktionsjahr für Knucklehead-Maschinen sein, wie dieses EL-Modell mit blitzenden Chrom-Oberflächen.

21: Als Elvis Presley 1956 seine neue KH kauft, ist er noch kaum bekannt.

Jahr 1947 Produktionsrechte für die deutsche RT 125 (eine Zweitaktermaschine von DKW), 1948 wird das Angebot durch den kleinen 125-cm³-S-Zweitakt-Einzylinder auf drei Gänge erweitert. Größtenteils besteht die Innovation darin, Knucklehead- durch Panhead-Motoren zu ersetzen, die mit 61- und 74-Kubikzoll eine weitere technische Modernisierung des Knucklehead darstellen. Wenn ein modifizierter unterer Knucklehead-Motor gekauft wird, sind der obere Motor und der Rahmen völlig neu. Somit bestehen die Zylinderköpfe aus Aluminium mit Ventilen, die über Hydraulikstößel im oberen Motor betätigt werden. Die ehemals knöchelförmigen Zylinderkopfhauben haben nun eine Pfannenform; daher der Name »Panhead«. Infolge des Aussehens des Panhead-Motors werden 1949 keine U-Modelle mit 74-Kubikzoll-Flathead-Motoren mehr hergestellt. Die W- und die Servi-Car-Linien verwenden noch 45-Kubikzoll-Flatheads, aber auch hier gibt es eine Neuerung durch die Einführung der Hydraulikgabel, die an der Standard Panhead E und F montiert ist und den Namen »Hydra-Glide« trägt. Springer-Gabeln sind weiterhin optional erhältlich. Die Hydra-Glide-Reihe punktet mit Zylinderköpfen, die 1950 die Leistung um zehn Prozent steigern.

Um den Wiederaufbau Europas zu unterstützen, werden im Jahr 1951 US-Exporte nach Europa mit 35 bis 50 Prozent besteuert, während Importeure aus Europa von niedrigen acht Prozent profitieren. Harley-Davidson legt erfolglos Beschwerde gegen ausländische Motorräder ein, insbesondere gegen ein britisches Produkt, das den US-Markt erobert. Um dieser Konkurrenz entgegenzutreten und die Händler zu überzeugen und zu halten, wird am 18. November das K-Modell auf einer Messe in Milwaukee vorgestellt.

1952 werden noch einige W-45-Modelle produziert, darunter acht für den Wettbewerb, die aber durch die K 45 ersetzt werden, um den leichten und leistungsstarken britischen Motorrädern die Stirn zu bieten. Sie wird neu konstruiert, verfügt aber noch immer über einen Flathead-Motor mit Seitenventilen. Motor und Getriebe bilden einen einzigen Block, mit dem Gangwahlhebel am rechten Fuß und einem am linken Lenker befestigten Kupplungshebel. Der Rahmen ist ebenfalls neu, mit einer hydraulischen Gabel, die mit einem Schwenkarm und zwei hinteren Stoßdämpfern verbunden ist. Obwohl sie in der Theorie vielversprechend wirkt, schneidet sie im Vergleich mit britischen Konkurrenten schlechter ab. Das Fußgangwahlsystem wird als Option für die Hydra-Glide-Serien E und F übernommen.

1953 feiert Harley-Davidson sein 50-jähriges Bestehen, doch aufgrund der britischen Anbieter sinken die Verkäufe aller Modelle um 20 Prozent. Der letzte amerikanische Konkurrent des Unternehmens,

Indian Motorcycle, schließt seine Werkstüren. Harley-Davidson schwört, durchzuhalten, und setzt darauf, mit den K-Modellen Erfolg zu haben und sie weiterhin zu verbessern.

Im Jahr 1954 ersetzt Harley-Davidson in dem Versuch, den Absatz zu steigern, die 45-Kubikzoll-Maschinen der Reihe K durch die 54-Kubikzoll-KH (883 cm^3). Sie wird immer noch von einem Flathead-Motor mit Seitenventilen angetrieben, erzielt aber 38 PS bei 5000 Umdrehungen pro Minute, acht mehr als die K. Die vom Hersteller beworbene Höchstgeschwindigkeit beträgt 160 km/h. Das 55-Kubikzoll-Modell KHRM schließt sich den 45-Kubikzoll-Versionen KR und KRTT an. Fünf neue Varianten mit 45- und 55-Kubikzoll gesellen sich 1955 mit Modellen der Sportlinie hinzu, darunter die KHK Super Sport Solo, als Bestandteil der »Road line« aus dem Jahr 1956, mit der Harley-Davidson versucht, den Verkauf dieser K-Modelle, die mit Sportnockenwellen ausgestattet sind, wieder anzukurbeln. Nur noch die Modelle 45 KR und KRTT bleiben als »Rennpferde« im Katalog und ermöglichen es der Marke viele Jahre lang, durch Wettbewerbssiege zu punkten.

1956 wird auf dem Cover der Mai-Ausgabe von *The Enthusiast* der neue Rockstar Elvis Presley abgebildet, lässig auf einer 55-Kubikzoll-KH posierend. Dieses Modell, das in mehreren Versionen erhältlich ist, die auf verschiedene Arten von Rennen zugeschnitten sind, ermöglicht es seinen Besitzern, Straßenmotorräder um Racing-Elemente zu ergänzen. Dies macht die KH konkurrenzfähiger gegenüber den britischen Maschinen, und der Trend setzt sich längerfristig fort, da die Zusatz-Elemente dauerhaft angeboten werden. Und diese Motorräder werden noch viele Jahre lang die Harley-Davidson-Farben auf den Rennstrecken präsentieren.

Diese K-Modelle gelten als die Vorfahren der Sportster, die die Linie aus dem Jahr 1957 mit Referenz auf die 55-Kubikzoll-XL und einer Verschiebung von 54 Kubikzoll (883 cm^3) integriert. Tatsächlich basiert die Sportster dieser Ära auf einem Modell der K-Reihe, das für die Verwendung von obenliegenden Ventilen geeignet ist und einen Motor aus Gusseisen hat. Im Jahr 1972 wird dieser Motor zum internationalen Standard der Zeit, auf 61 Kubikzoll (1000 cm^3) erweitert.

1958 ersetzt die Duo Glide das Hydra-Glide-Angebot und punktet zusätzlich zur Vorderradfederung durch die telehydraulische Gabel und die Hinterradfederung, die mit zwei Stoßdämpfern arbeitet. 1965 erreicht diese Maschine ihre finale Entwicklung unter der FL-Referenz, dem einzigen Jahr, in dem eine Electra Glide mit Panhead-Motor und elektrischem Anlasser produziert wird.

Der »Shovelhead«-Motor (benannt nach seinen schaufelförmigen Zylinderkopfhauben) tritt 1966 auf den Plan und ersetzt bei der Ausrüstung der Electra Glide den Panhead. Er erzielt 15 Prozent mehr Leistung und wird in den 18 Jahren seiner Produktion nur minimale Verbesserungen erfahren. Von 1966 bis 1969 behält er seine kompakten Brennkammern, ähnlich dem alten Panhead. 1970 nimmt er die aktuelle Form der Harley-Davidson-Big-Twins an, nachdem der Generator durch eine Lichtmaschine ersetzt wurde. Dieser Motor wird als Kraftpaket in einer neuen Generation von Harley-Davidsons zum Einsatz kommen, wie etwa in der Low Rider und der Super Glide.

Einige der von Harley-Davidson produzierten Motorräder entsprechen nicht dem Bild, das man heute von ihnen hat. In den 1960er- und 1970er-Jahren stellt das Unternehmen verschiedene Modelle von Zweitakt-Kleinzylinder-Motorrädern her, sowohl selbst, als auch

22: Im Rahmen des Filmes *Easy Rider* aus dem Jahr 1969 bereisten Peter Fonda und Dennis Hopper mit ihrem Panhead-Motor-Chopper die USA und trugen so zur Etablierung des Harley-Davidson-Mythos bei.

zusammen mit der italienischen Firma Aermacchi. Die 12-cm^3-Zweitakter werden seit 1947 hergestellt. 1951 entsteht die Tele Glide, und ihr Hubraum wird 1953 auf 165 cm^3 vergrößert. 1962 erhält sie den Namen Ranger und wird noch 1965 produziert.

Die Harley-Davidson Hummer, hergestellt von 1959 bis 1960, nutzt 125 cm^3. Eine Zweitakter-Maschine mit 175 cm^3 wird von 1960 bis 1965 produziert und 1966 zur 175-cm^3-Bobcat, bevor sie aus dem Sortiment verschwindet. In den 1960er-Jahren werden viele andere Zweitakter-Motorräder sowie ein 165-cm^3-Zweitakt-Motorroller (Topper) und 250-cm^3- und 350-cm^3-Viertakt-Einzylinder entwickelt, mit dieser Fülle ist es 1979 allerdings vorbei.

1972 beginnt Harley-Davidson mit der Produktion von Golfwagen. Für das Unternehmen ist die Zeit von den 1960er-Jahren bis Ende der 1980er-Jahre ziemlich chaotisch, und seine Vormachtstellung auf dem US-Markt beginnt zu wanken – zunächst bedroht von britischen Motorradbauern, dann auch von japanischen. Um dieser Gefahr besser die Stirn bieten zu können, schließt sich Harley-Davidson mit Aermacchi zusammen. Trotz dieser Verbindung bessert sich die Situation nicht, und die Schulden wachsen, aufgrund eines unzulänglichen Managements.

1968 kauft die AMF (American Machine & Foundry) Harley-Davidson für 22 Millionen Dollar. Dies sichert das Überleben. AMF investiert riesige Summen in die Entwicklung der Marke, macht aber den Fehler, zu schnell monetarisieren zu wollen, um mit der Massenproduktion japanischer Anbieter zu konkurrieren. Einige Jahre später erscheint die Super Glide FX, aus der später die Low Rider, die Fat Bob und die Wide Glide hervorgehen.

Um der Preiskonkurrenz japanischer Motorradhersteller zu begegnen, erhöht AMF in den 1970er-Jahren die Anzahl der produzierten Maschinen auf Kosten der Qualität. In den späten 1970er-Jahren ist das Überleben der Harley-Davidson Motor Company nur durch massive Investitionen möglich – die die AMF nicht tätigen will. Und so unterzeichnen 13 um das Überleben der Marke besorgte Männer am 16. Juni 1981 den Kaufvertrag, darunter Willie G. Davidson, ein Enkel von William A. Davidson. Das Unternehmen entwickelt Strategien, um neue Maschinen herzustellen, die dem Ruf der Marke gerecht werden. So wird 1984 ein innovativer V-Twin, der V2 Evolution, auf den Markt gebracht. Dieser Motor war Teil eines »Nova«-Projekts, das während der AMF-Ära für die Erneuerung der Harley-Davidson-Reihe entwickelt worden war. Die von Porsche durchgeführten und von AMF finanzierten Studien zur Entwicklung eines Vierzylinder-Motors werden aber aufgegeben. Die letzten Shovelheads werden 1983 hergestellt und 1984 verkauft, als der ganz aus Aluminium gefertigte Evolution-Motor (»Blockkopf«) den Markt erobert.

23: DIE FILMBIOGRAFIE *EVEL KNIEVEL* VON 1971 ERZÄHLT DIE GESCHICHTE DES BERÜHMTEN STUNTMANS, DER SEINE MANÖVER MIT EINER HARLEY-DAVIDSON SPORTSTER DURCHFÜHRTE UND MEHRERE REKORDE AUFSTELLTE, WIE ETWA DEN SPRUNG ÜBER 19 AUTOS. GEORGE HAMILTON SPIELT DIE ROLLE VON EVEL UND SUE LYON DIE VON LINDA KNIEVEL.

Harley-Davidson muss, nach Neuorganisation der Montageabläufe und Lieferantenbeziehungen, preislich wettbewerbsfähig werden. Japanische Konkurrenten überschwemmen den Markt weiterhin mit neuen Modellen, wobei sie auf jahrelange Erfahrung in der Produktion, im Export und in der Technologie sowie auf eine gewisse kommerzielle Virtuosität bauen können, während sich der amerikanische Motorradhersteller diesbezüglich erst wenig modernisiert hat. Auf Bitten der Harley-Davidson-Chefs kommt im September 1982 die United States International Trade Commission (I. T. C.) Harley-Davidson zu Hilfe. Die I. T. C. bittet Präsident Ronald Reagan, die Besteuerung von japanischen Maschinen mit Hubräumen von über 700 cm³, die über einen Zeitraum von fünf Jahren bis 1988 importiert werden, zu erhöhen. Dieser Steuersatz wird jährlich gesenkt, da Harley-Davidson das Vertrauen der amerikanischen und internationalen Kunden zurückgewinnt. Die Steuer beträgt 45 Prozent 1983, 35 im Jahr 1984 und zehn Prozent 1987. Nachdem sich Produktion und Verkäufe stabilisiert haben, fordert Vaughn Beals, Präsident des Unternehmens, die Regierung auf, die Maßnahme aufzuheben und dem freien Wettbewerb noch vor dem geplanten Termin seinen Lauf zu lassen.

Zu Beginn der Rettungsaktion im Jahr 1983 wird das Werk nicht vollständig für die Produktion von Motorrädern genutzt; Harley-Davidson arbeitet auch für die US Air Force. Die Verträge mit dem Militär bringen hervorragende Renditen, 40 Prozent der Gewinne des Unternehmens stammen aus einem Bereich, der nur 20 Prozent der Produktion ausmacht.

Als weitere Initiative wird 1983 die Harley Owners Group (H.O.G) gegründet. Zum ersten Mal in der Geschichte der Motorradindustrie wird eine offizielle Vereinigung von Benutzern zusammengeführt, gesponsert von einer Marke. Ende 1983 hat der Club 33 000 Mitglieder, die auf das Motto »Wir kaufen keine Motorräder; wir kaufen die einzigartige Erfahrung eines Lebensstils« setzen.

24–25: DIE HARLEY-DAVIDSON ELECTRA GLIDE MIT SHOVELHEAD-MOTOR WIRD MIT DER ZEIT ZUM MASSSTAB FÜR TOURING-MOTORRÄDER, WIE DIESES 80-KUBIKZOLL-MODELL AUS DEM JAHR 1984, DAS AB 1985 DURCH EIN MODELL MIT EVOLUTION-MOTOR ERSETZT WIRD.

25 OBEN: DIESE HARLEY-DAVIDSON-WERBUNG VON 1990 SPIELT BEREITS AUF DEN NOSTALGIEFAKTOR AN, DEN HARLEY-DAVIDSON FÜR ZUKÜNFTIGE GENERATIONEN BESITZEN WIRD.

26: Der Evolution-Motor 1983 und 1984 die ersten sechs zivilen Harley-Davidson-Modelle, die mit diesem Motor ausgestattet sind, werden vermarktet.

27: Zum ersten Mal in seiner Geschichte rüstet Harley-Davidson ein Serienmotorrad, die V-Rod, mit einem flüssigkeitsgekühlten Motor aus, mit im 60-Grad-winkel positionierten Zylindern und zwei obenliegenden Nockenwellen.

Der neue V-Twin-Motor Evolution V 2 mit 1340 cm^3 Hubraum erscheint, zusammen mit der Softail. Diese Maschine erzeugt noch immer die berühmten »Harley-Davidson-Vibrations«, zur Freude der Softail-Fahrer ist der Motor nun aber nicht mehr starr im Rahmen montiert, sondern, wie bei den Modellen Electra Glide, Low Rider und Dyna Glide, mittels schwingungsdämpfenden Lagern. Diese Motorräder verfügen über Zahnriemenantrieb und Fünfgang-Getriebe, Verbesserungen, die im Laufe der Jahre alle Modelle der Baureihe erhalten. Der Evolution-Motor erfüllt die neuen Abgasnormen; er akzeptiert bleifreies Benzin und bietet eine Zuverlässigkeit und Leistung, wie sie noch nie zuvor bei einer Harley-Davidson-Baureihe erreicht wurden. Die Palette der Softails wird um neue Modelle erweitert, ausgehend vom Basismodell, das schlicht »Standard« genannt wird: Custom, Heritage, Fat Boy, Springer und Nostalgia. Die Low Rider- und Electra-Glide-Linien übernehmen ebenfalls den Evolution-Motor und machen die Bikes für den Straßen-, Sport- oder Touringgebrauch noch besser geeignet. Im Sommer 1985 erlebt die Sportster-Familie eine Innovation. Die Sportster 883 besitzt nun Motor und Räder aus Aluminium. Bereits 1986 kommt ein Modell mit 1100-cm^3-Motor hinzu, der 1988 durch einen mit 1200 cm^3 Hubraum ersetzt wird. Seit 1989 hat die Sportster einige bemerkenswerte technische Verbesserungen erfahren, darunter einen fünften Gang, einen Zahnriemen und eine elektronische Kraftstoffeinspritzung anstelle des Vergasers. Sie ist in vielen Versionen wie etwa »Sport«, »Custom« oder »Replica« erhältlich, was es den Kunden ermöglicht, ein auf sie zugeschnittenes Motorrad zu erwerben. Sie wird auch unter der Marke Buell vermarktet, die sich der Herstellung von Sportmotoren widmet und deren Mehrheitsaktionär und Besitzer Harley-Davidson wird. Diese Ära endet im Oktober 2009, als die globale Finanzkrise Harley-Davidson zwingt, sich von weniger profitablen Aktivitäten wie Buell zu trennen.

1991 erscheint die Dyna-Glide-Familie mit futuristischem Design und ersetzt letztendlich die Low-Rider-Modelle. Rahmen und Komponenten werden computergestützt entwickelt, die Maschinen nutzen aber immer noch den Evolution-Motor.

Der Evolution-Motor sorgt für eine phänomenale Weiterentwicklung von Harley-Davidson in den 90er-Jahren. Die Electra Glide Ultra Classic feiert 1995 den 30. Jahrestag dieses Modells mit der Einführung der ersten Einspritzserie bei Harley-Davidson, die ab sofort als Option für die Touring-Linien erhältlich ist. Harley-Davidson baut jährlich ein oder zwei neue Modelle, die durch Verbesserung, Anpassung oder Modifizierung bestehender Bikes ohne radikale Änderungen auf mechanischem Niveau hergestellt werden. Dennoch arbeitet die Firma an großen Projekten, von denen das erste 1998 vorgestellt wird.

1998 präsentiert Harley-Davidson sein Angebot für 1999, darunter die Dyna Glide und die Electra Glide, die mit einem neuen 1450-cm^3-Motor namens Twin Cam 88 ausgestattet sind.

Der mit 45 Grad immer noch offene V-Zweizylinder Twin Cam 88 ist dem Evolution-Motor relaltiv ähnlich, erhält aber um 50 Prozent größere Kühlrippen und viele technische Neuerungen. Die bemerkenswerteste Änderung ist die Verwendung von zwei Nockenwellen anstelle einer einzelnen, wobei der Antrieb mit einem Satz kurzer Ketten im Gehäuse erfolgt, was die Betriebsgeräusche reduziert. Dieser neue Twin Cam 88 kommt mit 18 der 450 Evolution-Motorkomponenten aus und bekommt aufgrund seiner massiven Zylinderkopfhauben den Namen »Fathead«.

Im folgenden Jahr wird eine Weiterentwicklung namens Twin Cam 88B mit doppelten internen Ausgleichswellen ausgestattet. Dieses System reduziert die Vibrationen der Motoren, die in den neuen Softail-Rahmen ab den 2000er-Modellen montiert werden. Dies markiert das Ende der Evolution-Big-Twins bei Harley-Davidson. Die Softail wird 2001 mit Einspritzoption erhältlich sein und die Dyna 2004.

Der »Revolution«-Motor verändert die Welt von Harley-Davidson innerhalb der V-Rod-Baureihe ab 2002. Die V Rod nimmt eine sehr moderne Form an, mit Flüssigkeitskühlung (eine Premiere für Harley-Davidson-Motorräder), V-Twin-Motor mit im Winkel von 60 Grad angeordneten Vierventilzylindern und doppelten obenliegenden Nockenwellen. Der 1130-cm^3-Motor liefert 115 PS und wird durch eine elektronische Einspritzung versorgt. Die Verwendung einer Nasssumpfölpumpe macht einen externen Ölbehälter überflüssig, während das Design das Motorrad zu einem »Custombike« mit dem Look einer Dragster macht. Der Rahmen stimmt mit dieser Ästhetik überein und ist ebenfalls eine Premiere für Harley-Davidson. Dieses Modell geht großteils aus der Zusammenarbeit mit Porsche hervor, sowie aus dem VR-1000-Superbike-Programm, da dieses Rennmotorrad quasi als Labor für die Entwicklung der V Rod diente.

Beim 100. Firmenjubiläum blickt Harley-Davidson 2003 mit einer kontinuierlich gesteigerten Jahresproduktion zuversichtlich in die Zukunft; eine Expansion, die auch dank gut organisierter Großveranstaltungen gelang. Nach diesem Jubiläum wird die Produktpalette erweitert, und die Motoren werden schneller als zuvor entwickelt, während die Produktion stetig zunimmt. 2004 stellt Harley-Davidson 317 289 Motorräder her, was einem Zuwachs von neun Prozent gegenüber dem Vorjahr entspricht, und die Produktion der Sportster steigt auf 69 821 Exemplare, obwohl die Baureihe auf vier Modelle reduziert wurde.

Im Jahr 2005 produziert Harley-Davidson dann 329 017 Motorräder, was einem Zuwachs von 3,7 Prozent im Vergleich zu 2004 entspricht. 2006 werden die ersten Sechsgang-Getriebe in Dyna-Modelle eingebaut, deren Familie durch die FXDBI Street Bob bereichert wird. Mit der FLHXI Street Glide wird die Touring-Reihe um einen GT-Motorradtyp mit niedrigen Linien ergänzt.

2005 wird die erste chinesische H-D-Filiale in China eröffnet: Beijing Feng Huo Lun (FHL). 2006 steigt die Produktion weiter auf 349 196 Motorräder.

Bis 2007 verwenden alle Sportster Einspritzung. Die Big-Twin-Reihe übernimmt den Sechsgangantrieb und ersetzt Twin Cam 88 und 88B (1450 cm^3) durch Twin Cam 96 (und 96B für Softails) mit 1584 cm^3.

2008 rüstet ein neuer Motor, der V-Twin Revolution, die VRSC mit einer Leistung von 123 PS und einem Hubraum von 1130 bis 1250 cm^3 aus.

28: Um ihre Chopper-Ästhetik zu betonen, besitzt die FXCWC Softail Rocker eine verlängerte Gabel und einen vergrösserten Lenkkopfwinkel sowie einen am Schwenkarm befestigten Heckfender, der näher am imposanten Hinterradreifen positioniert ist.

Die neue FXCW Rocker, die auf dem Softail-Modell basiert, scheint optisch ohne Aufhängung am Rahmen auszukommen, da der Heckfender ohne sichtbare Abstützung direkt an der Schwinge befestigt ist.

Im Sommer 2007 macht die »Subprime-Krise«, dann der Börsencrash im Herbst 2008, auch Harley-Davidson zu schaffen. Während der Wirtschaftskrise baut das Unternehmen 1100 Arbeitsplätze ab und reduziert seine Auftragsproduktion für 2009 um zehn bis 13 Prozent, ausgehend von den Zahlen für 2008, die im Vergleich zu 2007 bereits rückläufig waren. Damit sinkt die Produktion auf nur noch 223 023 Motorräder. Dennoch werden die Touring-Modelle mit einem neuen Fahrgestell ausgestattet, das ihnen eine bessere Bodenhaftung verleiht, und in den USA wird das Sortiment um eine Trike, die Tri Glide, erweitert. Am 15. Oktober 2009, immer noch von sehr deutlichen Gewinnrückgängen geplagt, beendet Harley-Davidson die Produktion von Buell-Motorrädern.

Die wichtigste Neuerung im Jahr 2010 betrifft die Electra-Glide-Linie mit der Einführung der Ultra Limited. Diese Königin der limitierten Edition der Grand-Touring-Klasse weiht einen aufgerüsteten Motor mit auf 1690 cm^3 vergrößertem Hubraum ein, bedeutend mehr als bei den anderen Electra Glides und den meisten anderen High-End-Maschinen der Marke.

Am 5. August 2010 kündigt Harley-Davidson die sofortige Einstellung der Produktion seiner Seitenwagen an, da die Nachfrage seit Einführung der Tri Glide zu gering ist. Dies markiert das Ende einer langen Geschichte, die 1914 begann, als das Unternehmen seinen ersten Seitenwagen beim Modell 11-F vorstellte. Für 2011 installiert Harley-Davidson den 1690-cm^3-Motor in seiner Touring-Linie und führt eine neue Sportster 883 namens SuperLow ein. Der im August 2009 angekündigte Eintritt von Harley-Davidson in den indischen Markt erfolgt 2010 mit der Installation einer Montageeinheit und der Eröffnung einer ersten indischen Verkaufsfiliale im Jahr 2011.

2012 werden alle Softail-Modelle (mit Ausnahme der europäischen Softail Blackline) mit einem Twin-Cam 103B-Motor ausgestattet.

2013 feiert Harley-Davidson das 110. Firmenjubiläum, und obwohl sich kein Motorradhersteller einer solchen Langlebigkeit bei ununterbrochener Produktion rühmen kann, feiert die Marke aus Milwaukee das Ereignis eher bescheiden, mit Sonderfarben in limitierter Auflage, speziellem Finish und kleinen Verbesserungen an einigen Modellen. Die Wirtschaftskrise verebbt, die Verkaufszahlen steigen, aber die Firmengesundheit muss wieder aufgebaut werden. Im Jahr 2014 überrascht Harley-Davidson mit einer vollständig überarbeiteten Touring-Linie im Rahmen eines ehrgeizigen Programms, »Projekt Rushmore« genannt. Laut Projektleiter Scott Habegger wurde diese neue Touring-Baureihe von Tausenden von Menschen entwickelt, vor allem von zahlreichen Händlern und Kunden. Das Ergebnis dieser riesigen Marktstudie, die unter größter Geheimhaltung und mit verschiedenen Altersgruppen durchgeführt wurde, brachte eine Reihe von Verbesserungen und Innovationen. So erhielten etwa Electra Glide, Ultra Classic und Ultra Limited, obwohl ihr Aussehen unverändert bleibt, einen neuen Zweizylinder-Twin Cam 103, den sogenannten »Twin-Cooled«. Dieser V-Twin-Motor mit unauffällig versteckter Luft- und Flüssigkeitskühlung fördert die aerodynamische Form des Electra-Glide-Rahmens. Die Street Glide und Road King Classic erhalten 2014 einen Twin Cam 103 in High-Output-Version, mit einer neuartigen Nockenwelle, die fünf Prozent mehr Drehmoment liefert. In den USA erscheint neben der Street Glide eine noch anspruchsvollere Version, die FLHXS Street Glide Special, die auf die gleiche mechanische Basis zurück-greift, während die Trike Tri Glide Ultra Classic schließlich nach Europa exportiert wird. Die Modelle Street 500 und 750, in Indien für Europa und in Kansas City für Nordamerika hergestellt, werden Anfang November 2013 im Showroom in Mailand vorgestellt und kommen ab Herbst 2014 bei den Händlern an, wobei die 500- und 750-Versionen in den USA erhältlich sind und nur die 750-Version in Europa. Dabei handelt es sich um ein spezielles Motorrad mit V-Twin und Flüssigkeitskühlung, das ein jüngeres Publikum ins Visier nimmt. 2015 war die Modellpalette relativ begrenzt, abgesehen von der bemerkenswerten Rückkehr der Road Glide, die 2014 aufgegeben worden war. In Europa werden nur die Spezialversionen der Road Glide und Street Glide eingeführt. Die Modelle FLHTCUL Electra Glide Ultra Classic und FLHTKL Electra Glide Ultra Limited werden mit tiefergelegten »Low«-Modellen variiert, und die Trike FLRT Freewheeler kommt zur amerikanischen Palette hinzu.

Nach der Krise kurbelt Harley-Davidson die Produktion wieder an. 2014 werden 270 726 Motorräder verkauft, 2015 stehen 282 000 bis 287 000 zum Verkauf, von denen aber nur 264 627 abgesetzt werden, was zur Reorganisation der Produktionsabteilung und zur Streichung von 250 Arbeitsplätzen führt. Die Prognose für 2016 wird dann auf 269 000 bis 274 000 Exemplare gesenkt, aber bis Ende 2016 werden nur 260 289 Harley-Davidsons verkauft. Diese Zahlen lassen sich weitgehend durch die Reinkarnation des größten amerikanischen Konkurrenten des Unternehmens erklären, Indian Motorcycle, der mit Unterbrechungen seit 1901 im Geschäft ist und von seinem neuen Eigentümer Polaris energisch wiederbelebt wird. Ab 2016 reagiert Harley-Davidson schnell und kraftvoll auf diese unerwartete neue Konkurrenz und aktualisiert fast alle Modellreihen. Die Sportster erhalten bemerkenswerte Verbesserungen, und im Frühjahr 2016 wird der Linie ein neues Modell hinzugefügt: die Sportster XL 1200CX Roadster. Harley-Davidson nutzt sowohl in der Softail- als auch in der Dyna-Linie den vom Projekt Rushmore abgeleiteten Twin Cam 103 High Output, mit Ausnahme der Street Bob, die ihren Twin Cam 102 behält. Im Frühjahr 2016 wird auch die Dyna FXDLS Low Rider S vorgestellt. Die Softail-Reihe umfasst FLSTFBS Fat Boy S und FLSS Softail Slim S mit luxuriösen Oberflächen und »Screamin' Eagle Twin Cam 110B«-Motoren.

29: Harley-Davidson-Motoren, die in der Fabrik in Menomonee Falls, Wisconsin, gefertigt werden, gehen dann an die Fabriken in York, Pennsylvania und Kansas City, Missouri, um in Rahmen von Touring-, Softail- und Sportster-Modellen montiert zu werden.

In der Touring-Linie erhält die Road Glide Special Verstärkung durch die FLTRU Road Glide Ultra, mit zweifach gekühltem Hochleistungs-Twin-Cam-103, Tour Pack, komfortablem Sitz, hohem Windschild, verbessertem Hi-Fi-Entertainment-System und schönen zweifarbigen Lackierungen. Nach Jahren der Abwesenheit kehrt die serienmäßige Road King mit Gepäckkoffern auf Basis der Electro Glide nach Europa zurück.

Die Neuerungen von 2016 sind nur ein Vorgeschmack auf die wichtigsten Änderungen, die Harley-Davidson 2017 einführt, um die Firmentradition zu revolutionieren. Die neuen Harley-Davidson-Motoren Milwaukee Eight (so benannt in Anlehnung an den Geburtsort der Motor Company und die acht Ventile) 107 und 114 (1746 und 1870 cm^3) werden als doppelt gekühlte Zweizylinder der nächsten Generation in Touring-Modelle eingebaut. Dabei handelt sich um neu entwickelte Motoren mit verbesserter Leistung und mehr Drehmoment, ohne an Gewicht zuzunehmen, dank spezieller Materialien. Der Verbrauch wird reduziert, die Motoren erfüllen aktuelle sowie zukünftige Abgas- und Geräuschemissionsrichtlinien und haben darüber hinaus den Vorteil, weniger Abwärme an den Fahrer abzugeben.

Die Motoren Milwaukee Eight 107 und 114 sind doppelt gekühlt und im Fahrgestell elastisch gelagert, zusätzlich verfügen sie über Ausgleichswellen, die laut Hersteller die Schwingungen um mindestens 75 Prozent reduzieren. 2017 konzentrieren sich die Anstrengungen des Unternehmens vor allem auf den neuen Milwaukee-Motor, sodass es nur wenige Weiterentwicklungen innerhalb der Baureihen gibt. Im März 2017 wird die Street Rod 750 in eine Street-Rod-Version mit dynamischerem Aussehen im Café-Racer-Stil und mit verbesserter Leistung umgebaut.

Trotz dieser Neuerungen gelingt es Harley-Davidson nicht, den Absatzrückgang aufzuhalten. Anfang 2017 rechnet das Unternehmen mit einer etwas geringeren Produktion als im Jahr 2016 (260 289 Motorräder), aber Ende Juli liegen die Verkaufsschätzungen nach den Daten aus dem ersten Halbjahr nur zwischen 241 000 und 246 000 Einheiten. Nichtsdestotrotz plant Harley-Davidson, sein 115-jähriges Firmenjubiläum im Jahr 2018 mit mehreren Neuentwicklungen zu feiern. Hierfür nimmt das Unternehmen eine umfassende Umgestaltung vor, strafft die Linienführung und überholt die Softail-Modellpalette.

2018 umfasst die Softail-Linie acht Modelle mit bekannten, aber entschieden neuen Namen, darunter Fat Boy, Heritage Classic, Low Rider, Softail Slim, Deluxe, Breakout, Fat Bob und Street Bob. Diese Modelle haben kaum mehr etwas mit ihren Vorgängern von 2017 gemein und ersetzen die Softails Breakout, Fat Boy, Slim, Heritage und Deluxe sowie die alte Dyna (früher erkennbar an den beiden klassischen Stoßdämpfern), Street Bob, Low Rider und Fat Bob. Von nun an werden diese Modelle mit dem gleichen neuen Fahrgestell ausgestattet, und das Dyna-Modell verschwindet 2018 aus dem Sortiment. Das Fahrgestell dieser neuen Bikes ist fester und leichter als der alte Softail-Rahmen, um das hohe Drehmoment zu nutzen, das die neuen Milwaukee-Eight-Motoren erzeugen. Das Fahrgestell wird weiterhin mit Stahlrohrkonstruktion und Doppelschwinge ausgestattet, aber der Lenkeinschlag verbessert. Die Hinterradaufhängung wird nun einem einzigen Stoßdämpfer anvertraut, der horizontal unter dem Sitz montiert ist, wodurch die Maschine der klassischen Ästhetik der Hardtails entspricht und sich von zwei Stoßdämpfern unter dem Motor (die alte Softail) oder in ihrer klassischen Position (die alte

Dyna) entfernt. Mit einer weniger komplexen Konstruktion als beim früheren Softail-Fahrgestell, einer um 50 Prozent reduzierten Zahl von Einzelkomponenten und 22 Prozent weniger Schweißarbeiten, gibt es je nach Modell drei Motorradtypen. Es gibt auch zwei Arten von Schwingen, eine für breite Hinterradreifen und eine für schmalere. Die Showa-Hochleistungs-Vorderradgabel mit Doppelventil ist vom gleichen Typ, wie er seit 2017 auf Maschinen der Touring-Linie montiert wird. Verschiedene Teile aus Aluminium (Fender, Auspuffhalterungen, Bedienelemente, Fußrasten usw.) führen bei bestimmten Modellen zu einer Gewichtseinsparung von bis zu 15 Kilogramm.

Bei diesen Softails wird der Twin Cam 103B (1691 cm^3) durch den neuen Milwaukee Eight mit 107 oder 114 Kubikzoll (1746 oder 1868 cm^3) ersetzt, der seine 45-Grad-V-Form beibehält und umgedreht wird, mit einer einzigen Nockenwelle im Kurbelgehäuse, flüssigkeitsgekühlten Köpfen und vier Ventilen pro Zylinder. Diese Motoren verfügen außerdem über doppelte interne Ausgleichswellen, die Vibrationen reduzieren und gleichzeitig das vertraute Fahrgefühl einer Harley-Davidson bewahren, da sie starr am Fahrgestell montiert sind.

Die Dyna- und die V-Rod-Linie werden eingestellt. Mit Blick auf die Zukunft entscheidet sich Harley-Davidson für die Entwicklung einer Street-Rod-Linie mit einem leichteren, leistungsstärkeren Motor, wodurch Design und Ausdrucksstärke dieser Art von Motorrädern erheblich verbessert wurden.

In Europa ist die Sportster-Baureihe identisch mit der von 2017, während in Amerika die XL 1200T SuperLow aus dem Katalog verschwindet und die Trike zusammen mit den CVO-Modellen weitergeführt wird, die 2018 auf drei Versionen erweitert wird. In Amerika bleibt die Touring-Linie unverändert, während die europäische Palette im Jahr 2018 auf zehn ausgebaut und um die Modelle Street Glide, Road Glide und Road Glide Special erweitert wird.

Im Jahr 2018 feierte Harley-Davidson das 115-jährige Bestehen mit verschiedenen Modellen, die in Sondereditionen vorgestellt wurden: Sportster Forty-Eight, Softail Fat Boy, Heritage Classic und Breakout, Touring FLHTK Ultra Limited, Street Glide und Street Glide Special, CVO FLHTKSE Limited und Trike Tri Glide Ultra. Die Hauptfeierlichkeiten dieser Veranstaltung fanden vom 30. August bis 3. September 2018 in Milwaukee statt. Im internationalen Rahmen beteiligte sich auch Europa an den Feierlichkeiten und zeigte vom 5. bis 8. Juli 2018 in Prag eine Ausstellung von mehr als 150 Bikes. Außerdem wurde in der tschechischen Hauptstadt eine Straßenparade veranstaltet.

2019 brachte Harley-Davidson (nach ausgiebiger Kundentestphase, in der geprüft wurde, ob das Konzept für die Marke Sinn macht), mit der 74 PS starken LiveWire sein erstes Elektrofahrzeug auf den Markt. Im März 2020 wurde eine LiveWire dazu eingesetzt, den 24-Stunden-Distanzrekord für Elektromotorräder zu brechen und die Maschine legte 1723 Kilometer in 23 Stunden und 48 Minuten zurück.

30–31 Die neue Softail-Baureihe ersetzt 2018 die alten Modelle der Softail- und Dyna-Familie und sorgt dank des neuen Fahrgestells für modernen Fahrspass.

Ein Motorrad als Lebensgefühl

in Motorrad als Lebensgefühl • Ein Motorrad als Lebensgefühl •

in Motorrad als Lebensgefühl • Ein Motorrad als Lebensgefühl •
in Motorrad als Lebensgefühl • Ein Motorrad als Lebensgefühl •
in Motorrad als Lebensgefühl • Ein Motorrad als Lebensgefühl •
in Motorrad als Lebensgefühl • Ein Motorrad als Lebensgefühl •
in Motorrad als Lebensgefühl • Ein Motorrad als Lebensgefühl •
in Motorrad als Lebensgefühl • Ein Motorrad als Lebensgefühl •
in Motorrad als Lebensgefühl • Ein Motorrad als Lebensgefühl •
in Motorrad als Lebensgefühl • Ein Motorrad als Lebensgefühl •
in Motorrad als Lebensgefühl • Ein Motorrad als Lebensgefühl •
in Motorrad als Lebensgefühl • Ein Motorrad als Lebensgefühl •
in Motorrad als Lebensgefühl • Ein Motorrad als Lebensgefühl •
in Motorrad als Lebensgefühl • Ein Motorrad als Lebensgefühl •
in Motorrad als Lebensgefühl • Ein Motorrad als Lebensgefühl •
in Motorrad als Lebensgefühl • Ein Motorrad als Lebensgefühl •
in Motorrad als Lebensgefühl • Ein Motorrad als Lebensgefühl •
in Motorrad als Lebensgefühl • Ein Motorrad als Lebensgefühl •
in Motorrad als Lebensgefühl • Ein Motorrad als Lebensgefühl •
in Motorrad als Lebensgefühl • Ein Motorrad als Lebensgefühl •
in Motorrad als Lebensgefühl • Ein Motorrad als Lebensgefühl •
in Motorrad als Lebensgefühl • Ein Motorrad als Lebensgefühl •
in Motorrad als Lebensgefühl • Ein Motorrad als Lebensgefühl •
in Motorrad als Lebensgefühl • Ein Motorrad als Lebensgefühl •
in Motorrad als Lebensgefühl • Ein Motorrad als Lebensgefühl •
in Motorrad als Lebensgefühl • Ein Motorrad als Lebensgefühl •
in Motorrad als Lebensgefühl • Ein Motorrad als Lebensgefühl •
in Motorrad als Lebensgefühl • Ein Motorrad als Lebensgefühl •

34–35: Harley-Davidsons, besonders geeignet für lange Touren und Strecken, werden zum mechanischen Pferd in neuen »Westernfilmen«, den Road Movies.

Der legendäre Motorradhersteller aus Milwaukee hat schon früh erkannt, dass Harley-Davidson-Käufer ihre Fahrzeuge auf besondere Art und Weises wahrnehmen, ganz anders als Autobesitzer, sogar anders als die meisten Motorradbesitzer konkurrierender Marken. Man könnte dies unter dem folgenden Motto zusammenfassen: Wer eine Harley-Davidson kauft, wird nicht einfach nur zum Besitzer eines Fahrzeuges, das einen von A nach B bringt. Wie andere Fahrzeuge haben auch Motorräder einen Motor und Räder, aber da hören die Gemeinsamkeiten auch schon auf. Diejenigen, die eine Harley-Davidson kaufen, suchen nicht einfach nur ein Transportmittel. Sie wollen authentische Erfahrungen machen, und sehr oft möchten sie diese Erlebnisse mit anderen teilen, die den »Harley Way of Life« leben.

Dementsprechend ist die Marketingstrategie von Harley-Davidson einfach, aber erfolgreich. Das Unternehmen gibt nur 15 Prozent seines Werbebudgets für traditionelle Informationsmedien aus und konzentriert sich darauf, Veranstaltungen zu organisieren, bei denen jeder mit der Harley-Davidson-Welt und diesem ganz besonderen Lebensstil in Kontakt kommen kann, um zu entdecken, was es bedeutet, zur H-D-Familie zu gehören. Und diese Strategie ist erfolgreich und führt sogar zu Marketing außerhalb der Motorradwelt, wenn beispielsweise der Papst höchstpersönlich Tausende von Harley-Davidson-Fahrern auf ihren Motorrädern segnet.

35: Für Harley-Davidson-Fans sind die grossen europäischen, amerikanischen und asiatischen Rallyes eine tolle Möglichkeit, neue touristische Ziele zu entdecken.

100 Years
OF
GREAT
MOTORCYCLING
CAIRNS TO SYDNEY RIDE
MARCH 2003
HARLEY-DAVIDSON
ILLAWARRA CHAPTER
1
Ride On
ULYSSES CLUB
2000
ULYSSES CLUB
MOTOR
HARLEY-DAVIDSON
CYCLES
30 YEAR MEMBER
ULYSSES CLUB
ERN SHAW
WOLLONGONG
HOG
MANSFIELD

Das Vergnügen, ein Motorrad zu fahren und neue Gegenden und Landschaften in völliger Freiheit zu entdecken, kann manchmal ein einsames Erlebnis sein, oft bietet es aber auch Gelegenheit, andere Motorradfans zu treffen und eine gemeinsame Leidenschaft zu teilen. Darüber hinaus erleichtert der Besitz eines außergewöhnlichen Motorrads wie einer Harley-Davidson die Beziehungen zu anderen Enthusiasten und schafft eine Verbindung, da man einer Welt angehört, die sich von der des Motorradsports im Allgemeinen unterscheidet. Seit 1983 bringt die H.O.G (Harley Owners Group) Motorradliebhaber zusammen, die gemeinsam Touren unternehmen. Die Vereinigung entsteht zeitgleich mit der Wiederbelebung des Unternehmens in jener Zeit und wird von der Marke gesponsert. Ende 1983 zählt die H.O.G 33 000 Mitglieder, Ende 1989 über 90 000 und bis 1998 wächst sie auf über 300 000 Mitglieder an. Beim 95. Firmenjubiläum von Harley-Davidson im Jahr 1998 sind etwa 80 Prozent der Mitglieder Amerikaner, fünf Prozent Kanadier, zehn Prozent Europäer, die restlichen fünf Prozent verteilen sich auf Länder wie Australien, Neuseeland und Japan. Die Anzahl der internationalen Mitglieder wächst dank neuer Einrichtungen von Harley-Davidson weiter. Die Vereinigung zählt weiterhin immer mehr Mitglieder und entwickelt sich auch außerhalb der Vereinigten Staaten zunehmend rascher. Tatsächlich sind die über 500 000 bis Ende 2000 registrierten Mitglieder gleichmäßiger über die ganze Welt verteilt. Vor der Hundertjahrfeier von Harley-Davidson in Milwaukee im August 2003 zählt die Harley Owners Group über 640 000 Mitglieder, veröffentlicht ihren ersten Katalog mit vereinsinternen Produkten und organisiert zahlreiche Reisen und Rallyes.

Harley-Davidson gelingt es, einen dynamischen Verband zu etablieren, der Motorradfahrer mit der Marke in direkten Kontakt bringt, der es ihnen ermöglicht, sich mit anderen Harley-Davidson-Enthusiasten auszutauschen, und der sie motiviert, mit ihren Motorrädern in einer Gruppe »on the road« zu gehen. Verstärkt durch die Feierlichkeiten anlässlich des 100. Firmenjubiläums setzt die H.O.G ihre Expansion in den folgenden Jahren fort und zählt heute über eine Million Mitglieder. In den ersten Jahren versendet der Verein einen Newsletter an seine Mitglieder, der bald in eine Zeitschrift umgewandelt wird, die in mehrere Sprachen übersetzt vierteljährlich erscheint.

Die H.O.G schafft zusammen mit den Organisationen, die sie verwalten, durch die Zeitschrift und die Treffen innerhalb der verschiedenen Sektionen eine Gelegenheit für Biker, den »Harley Way of Life« intensiv zu teilen und zelebrieren.

36: Seit ihrer Gründung 1983 in den USA hat sich die Harley Owners Group auf allen Kontinenten etabliert und veranstaltet jedes Jahr H.O.G-Rallyes in allen Teilen der Welt.

37 oben: Auf den Lederwesten der Mitglieder prangen Gedenkplaketten für jedes Jahr der Mitgliedschaft in der H.O.G.

37 unten: Die »Ladies of Harley«-Gruppen der H.O.G. richten sich an Frauen, die Harley-Davidson-Pilotinnen sowie an Beifahrerinnen.

CHILTERN HILLS
UK CHAPTER
9952
XK 35

Die H.O.G organisiert Ausflüge, Reisen und Treffen sowie Rallyes und beteiligt sich auch an Wohltätigkeitsarbeit und Spendensammlungen. Mitglieder der verschiedenen US-amerikanischen und internationalen Sektionen kommen bei freundschaftlichen Wettbewerben und bei lokalen, nationalen, europäischen, amerikanischen und internationalen Veranstaltungen zusammen. In Europa ist jedes Jahr ein anderes Land Veranstaltungsort der H.O.G-Rallye und heißt Tausende von Teilnehmern willkommen. Das »H.O.G. Euro Festival«, das jährlich im Mai in Südfrankreich veranstaltet wird, oder die »European Bike Week«, die jährlich Anfang September am Faaker See in Österreich stattfindet, und andere große Veranstaltungen heißen Zehntausende von Teilnehmern willkommen. Diese Veranstaltungen sind ideale Anlässe, um für ein Wochenende oder noch länger mit Freunden auf dem eigenen Motorrad zu verreisen und den Harley-Davidson-Lebensstil auf Festivals in vollen Zügen zu genießen.

Die Mitglieder der H.O.G kommen aus sehr unterschiedlichen sozialen Schichten und bilden eine Gruppe von Menschen aller Nationalitäten, die die Leidenschaft für Motorräder und insbesondere für Harley-Davidsons verbindet. In ihrer Welt geht es nicht nur um Bikes, Motoren und Geschwindigkeit, sondern um ein ganz bestimmtes Lebensgefühl, das auch Jeans und

38: Die H.O.G ist eine weltweite Organisation für Harley-Davidson-Besitzer, die in Sektionen unterteilt mit Händlern zusammenarbeitet.

39: Grosse Treffen der H.O.G versammeln Tausende von Mitgliedern, die ihre Motorräder bei Paraden bewundern lassen.

ärmellose Tank-Tops, Lederjacken, Conchos und blitzendes Chrom umfasst. Die Gemeinschaft kennzeichnet ein gewisses Gespür für das Dramatische, das die imposanten Maschinen auszeichnet, aber wenn H.O.G-Gruppen im Konvoi über Straßen oder Autobahnen fahren, geht dies beeindruckend geordnet und diszipliniert vonstatten, denn die Organisation ist gut strukturiert, und jede »Chapter« (Sektion) besetzt verantwortliche Positionen mittels Wahlverfahren, so etwa die von Präsident, Kassenwart und vor allem die des »Road Captain«, der die Formation organisiert und im Auge behält. Aber wie alle Motorradfahrer lieben die Mitglieder der Harley Owners Group das Feiern. Jedes Land, mit seinen eigenen Traditionen, wetteifert mit den anderen darum, den H.O.G-Mitgliedern den größten Spaß und das meiste Vergnügen zu bieten, begleitet von Städtepartnerschaften zwischen den verschiedenen Veranstaltungsorten.

Harley-Davidson hat die H.O.G gegründet, um die Kundenbindung zu fördern und mehr Dynamik zu schaffen, aber auch, um sein Image zu pflegen. Mit der Erneuerung und dem Wachstum der Marke wuchs die Zahl der Harley-Davidson-Motorradclubs, da die Biker oft über den typischen »Harley-Davidson-Lifestyle« hinausgehen und ihn noch intensiver leben wollen. In den 1950er-Jahren hatten einige wenige Cubs als »Onepercenter« einen schlechten Ruf und das Wort »Biker« galt manchmal als Synonym für »Rowdy«, was das Image von Motorrädern im Allgemeinen und Harley-Davidson im Besonderen trübte, aber die Marke aus Milwaukee bemühte sich stetig darum, das Markenimage zu verbessern und zu pflegen. Um zu verstehen, wie die »Onepercenter«-Clubs entstanden, in denen sich Biker zusammenschlossen, die ohne Rücksicht

40 oben: Jedes Jahr werden Versammlungen der H.O.G in verschiedenen Ländern organisiert. Tausende von Mitgliedern nehmen an diesen grossen Treffen teil, wie hier in Sankt Petersburg, Russland.

40–41: Aufnäher, Anstecker, Aufkleber, Abzeichen und andere Harley-Davidson- und H.O.G-Symbole sind in verschiedenen Stilen zu sehen.

MOTOR
HARLEY-DAVIDSON
CYCLES
RALLY MOUNTAIN'S
DOGS & CO
2007
FOUNDER LUDO
74
HARLEY OWNERS GROUP
LIFE MEMBER
20 YEARS
2010
HOG
2005

OTEL

und Kompromisse leben wollten, muss man bis in die 1930er-Jahre zurückblicken, als sich Motorradfahrer organisierten, um Testfahrten zu veranstalten. Motorsport dieser Art wurde in den USA sehr geschätzt und fand zu verschiedenen Zeiten des Jahres statt. Nach dem Ende des Zweiten Weltkriegs kehrten viele junge Amerikaner von der Front zurück in ihre Heimat. Sie hatten das Adrenalin erlebt, das die Gefahr mit sich brachte, und viele von ihnen waren mit dem Motorradfahren vertraut, da sie die WLAs, das berühmte Militärmodell von Harley-Davidson, genutzt hatten.

Ein »normales« Leben mit Frau, Kindern und der Sesshaftigkeit eines herkömmlichen Alltags war für diese traumatisierten Heimkehrer keine Option. Sie zogen einen aufregenderen Lebensstil vor. Diese jungen Leute begannen, sich nach wilden Motorradfahrten in kleinen Gruppen zu treffen, in Bars zu gehen und wilde Partys zu feiern. Aber das exzessive Verhalten beunruhigte bald die einfachen Bürger, was die »Onepercenter« geradezu genussvoll provozierten.

Biker, die aus purer Motorradleidenschaft oder aus Liebe zum Rennsport und zum Reisen Motorrad fuhren, wehrten sich immer mehr dagegen, schuldlos mit diesen Rowdys in Verbindung gebracht zu werden, die sich mit Bier und Whisky volldröhnten, bei ihrer Ankunft Kleinstädte in wilde Rennstrecken verwandelten und junge Frauen in ihren Bann zogen, die von diesen scheinbar freien und unkaputtbaren Rebellen fasziniert waren.

An einem Wochenende im Jahr 1947, in Hollister, einer kleinen Stadt in Kalifornien, eskalierte das Zechen und Feiern dieser wilden Biker im Rahmen der Wettkämpfe, die anlässlich des Unabhängigkeitstages organisiert worden waren. Ähnliche Ausuferungen hatte es bereits bei Treffen in anderen Städten gegeben, sie hatten aber nie dieses Niveau erreicht, und da die Presse in Hollister vor Ort war, erregte der Vorfall große Aufmerksamkeit. Das *Life*-Magazin veröffentlichte eine Reportage mit dem Foto eines betrunkenen Motorradfahrers auf einer Harley-Davidson, inmitten einer Unmenge von Bierflaschen. Ähnliche Vorfälle wiederholten sich in Abständen von einigen Monaten in anderen Städten, und im Anschluss an den von *Life* illustrierten Artikel und nachfolgende Ereignisse, die von der Presse hervorgehoben wurden, begann eine Debatte über diese neuen »wilden Biker«. Die Medien schmückten den Vorfall in Hollister aus und verknüpften die Geschichte mit anderen Nachrichten über Motorrad-Schlägertrupps und stellten sie als schreckliche Banden dar, die die USA mit leistungsstarken, röhrenden Motoren plünderten und die Bevölkerung terrorisierten.

Infolge dieser Ereignisse und Artikel wurde eine nationale Werbekampagne gegen Motorradclubs ins Leben gerufen, was den Zorn der AMA (American Motorcycle Association) erregte, die argumentierte, dass 99 Prozent aller Motorrad-Enthusiasten vernünftige Menschen seien. Sie bezeichnete die Anstifter der Probleme als eine Gruppe irregulärer, nicht der AMA zugehöriger Clubs und bekräftigte, dass jene nur ein Prozent aller Motorradfahrer ausmachten. Daher übernahmen Motorrad-Gangs, die außerhalb der gesetzlichen Rahmen operierten, dieses »one percent« als ihr Markenzeichen.

42: In dem Film *Der Wilde* fährt Marlon Brando eine Triumph und Lee Marvin eine Harley-Davidson.

43 unten: 1953 zeigte sich der Film *Der Wilde* von den Ereignissen im kalifornischen Hollister im Jahr 1947 inspiriert und machte Biker zu einem Symbol der Rebellion.

Einige Jahre später erklärte ein Film mit dem Titel *Der Wilde*, inspiriert von den Ereignissen in Hollister 1947, teilweise die Entwicklung der radikalen Clubs und die Praxis, Originalmotorräder zu personalisieren. Dank des Films verbreitete sich dieses Phänomen und beschleunigte die Expansion der Gruppen. Seitdem wuchsen die »Onepercenter«-Bike-Clubs und organisierten sich, um weltweit zu expandieren, indem sie sich in »Outlaw Motorcycle Gangs« wie den Bandidos, Outlaws, Hells Angels, Pagans, Mongols, Vagos, Sons of Silence, Warlocks und anderen zusammenschlossen.

Die beiden Welten, die der Harley-Davidson-Fangemeinde und die der »Onepercenter«, treffen selten aufeinander, auch wenn sie manchmal bei den großen Motorradtreffen nebeneinander existieren. Jede Gruppe lebt intensiv ihre eigene persönliche Leidenschaft für Motorräder und für Harley-Davidsons.

Da die Kundschaft von Harley-Davidson schon immer aus einer sehr heterogenen Mischung von Bikern bestand, sind die riesigen Treffen von Hunderttausenden von Bikern außergewöhnliche Zusammenkünfte. Ganz gleich, ob es sich um Ärzte, Arbeiter, Anwälte, Händler, Präsidenten, Geschäftsführer, Studenten oder andere handelt – man feiert die Gemeinsamkeit bei kultigen Partys, Touren und Shows. Es ist eine Gemeinschaft, die auf allen Kontinenten vertreten und ein integraler Bestandteil des Harley-Davidson-Lebensstils ist.

44: Wie die Bandidos, Outlaws und verschiedene andere »Onepercenter-Clubs« nehmen manchmal auch Hells Angels an grossen Treffen teil.

44–45: Unabhängig davon, ob das Motorrad personalisiert, zu einem Chopper umgebaut oder einfach nur neu lackiert wird – wenn es einem Mitglied eines »Onepercenter-Clubs« gehört, trägt es in der Regel

HELLS ANGELS

In Europa, aber auch in Asien und Ozeanien, gibt es jährlich große Harley-Davidson-Festivals, aber ins Leben gerufen und populär wurden diese Veranstaltungen in den USA. Einige davon übertreffen die anderen in Bezug auf internationale Beteiligung und Kultfaktor. Diese großen Events ziehen Biker und Harley-Davidson-Enthusiasten aus aller Welt an. Die drei wichtigsten Rallyes sind die Daytona Beach Bike Week, die Sturgis Motorcycle Rally und die Laconia Motorcycle Week, die alle schon seit mehreren Jahrzehnten veranstaltet werden.

Daytona Beach Bike Week

Dieses Motorradtreffen in Florida zieht im Besonderen Harley-Davidson-Fahrer an, die an einer gigantischen Show teilnehmen. Ein Spektakel, das sowohl aus Entertainern als auch aus Zuschauern besteht, die den vollen Biker-Lebensstil pflegen. Die Show bietet eine imposante Mischung aus teils herkömmlichen, oft modifizierten und manchmal radikal umgebauten Motorrädern in einem besonderen Festival-Rahmen, der Fahrer und Zuschauer gleichermaßen in seinen Bann zieht. Das Herzstück der Daytona Beach Bike Week findet auf der Main Street statt, die Motorrad-Enthusiasten bis zu 90 Prozent mit Maschinen der Marke aus Milwaukee füllen, bestaunt von Schaulustigen und Feiernden. An den Straßenrändern, flankiert von den Bikes, die auf beiden Seiten der Main Street parken, gibt es auch Bars sowie Stände mit unterschiedlichsten Lederwaren, Gadgets und T-Shirts.

Jährlich zählt die Daytona Beach Bike Week über 500 000 Biker, aber die Main Street ist nicht die einzige Attraktion. Der Boot Hill Saloon vor dem Friedhof oder die Bars Dirty Harry und Froggy sind die bekanntesten in Daytona Beach, neben anderen Locations, die eine intimere Umgebung versprechen, da sie nicht im Zentrum des Festivals liegen. So etwa der Iron Horse Saloon, der sich an der Route 1 nördlich von Daytona Beach befindet. Dasselbe gilt für die berühmtesten Bars im Süden der Stadt, darunter das Cabbage Patch oder das Pub 44, um nur einige zu nennen.

Im Rahmen der Bike Week organisiert auch Harley-Davidson Veranstaltungen und bietet Testfahrten mit den aktuell auf den Markt gebrachten Motorrädern an. Individuelle und maßgeschneiderte Wettbewerbe sowie Ausstellungen sind Attraktionen, die eine große Zahl von Fachleuten und Privatpersonen anziehen. Die zahlreichen Motorräder sind unterschiedlich aufbereitet, mit teils raffinierten Lackierungen und außergewöhnlicher Mechanik. Die Menschen nehmen an dem Festival teil, das normalerweise etwa zehn Tage dauert, um die herrlichen Maschinen zu bewundern, um gemeinsam zu feiern, mit anderen Harley-Davidson-Enthusiasten und Bikern in Kontakt zu kommen, neue Produkte und Hochleistungsersatzteile zu erwerben, Lederbekleidung oder Gadgets zu kaufen und den Harley-Davidson-Lebensstil in vollem Umfang zu zelebrieren. Zu den Veranstaltungen gehören Motorradrennen, Konzerte, Shows und Straßenfeste. Das überaus beliebte Festival findet in der Regel in der ersten vollen Märzwoche statt und hat sich um das Rennen Daytona 200 herum entwickelt.

46–47: Während der gut organisierten Shows mischen sich Touristen unter die Bikergemeinde und entdecken nicht selten selbst ihre Leidenschaft für Motorräder.

BODY BOARD SKIM BOARD
BIGGEST SELECTION OF TOWELS
MICHAEL'S ON THE BEACH
LADY'S APPAREL
KID'S TOYS
APPAREL & SHOES
GIFTS • SOUVENIRS • BIKE WEEK & RACE WEEK T-SHIRTS • MEN'S SWIM TRUNKS • SWEATSHIRTS • TEE-SHIRTS • SANDALS

48: Während der Sturgis Motorcycle Rally in South Dakota ist die Main Street das Zentrum des Festivals und bietet eine ganze Woche lang im Besonderen Motorrädern Platz.

Das Motorradrennen Daytona 200, um das sich die Daytona Beach Week entwickelte, fand erstmals im Januar 1937 statt, auf 5,1 Kilometern auf Strand und Straße.

Das Rennen wurde von 1942 bis 1947 wegen des Zweiten Weltkriegs ausgesetzt. In diesen Jahren fand eine inoffizielle Rallye unter dem Namen Bike Week statt. Im Jahr 1947 wurde das offizielle Rennen wieder aufgenommen und gewinnt seitdem kontinuierlich an Popularität.

Sturgis Motorcycle Rally

Neben der Daytona Beach Bike Week ist die Sturgis Motorcycle Rally in South Dakota, auch Black Hills Classic genannt, eine der legendärsten und größten Motorradveranstaltungen der Welt. Sie bringt Motorradfans im Festival-Stil und in der imposanten Landschaft der Black Hills zusammen.

Gerade die Wild-West-Atmosphäre der Umgebung trägt wesentlich zum Erfolg des Spektakels bei. South Dakota verfügt über eine Reihe außergewöhnlicher Tourenrouten, die man auf Harley-Davidsons erfahren kann. Während der Woche werden zahlreiche Shows, Konzerte und Events dargeboten, außerdem bietet die Veranstaltung Gelegenheit, den Biker-Lebensstil auf besondere Art und Weise zu zelebrieren.

Und so ist es kein Wunder, dass diese Rallye, die in der ersten Augustwoche stattfindet, eine ähnliche Teilnehmerzahl wie die Daytona Beach Bike Week verzeichnet, obwohl die Gegend inmitten des Mittleren Westens der USA viel schwerer zu erreichen ist.

49: Auch wenn es zahlreiche Harley-Davidson-Trikes gibt, werden für die Realisierung dieser Fahrzeuge verschiedene mechanische Basiselemente verwendet, wie der hier gezeigte V8-Automotor.

Das Rennen gibt es seit 1938, als Clarence »Pappy« Hoël, der den Club »Tsiganes Jackpine« gegründet hatte, am 14. August das erste Black-Hills-Classic-Rennen in Sturgis organisierte – mit 19 Teilnehmern und nur wenig Publikum. Seitdem findet die Rallye jährlich statt, mit Ausnahme der Jahre 1942 bis 1944 aufgrund des Zweiten Weltkriegs. 1961 kamen zu den Half-Track-Rennen noch Hill-Climbing- und Motocross-Wettbewerbe hinzu, und in den 1970er-Jahren nahmen bereits 20 000 bis 30 000 Biker und Harley-Davidson-Enthusiasten an dem Festival teil.

Anfang der 1980er-Jahre benannte Harley-Davidson anlässlich der 40. Austragung der Rallye eines seiner Modelle nach dem Veranstaltungsort »Sturgis«. Und seit der Jahrtausendwende strömt jährlich mehr als eine halbe Million Menschen zu dem Mega-Event.

Laconia Motorcycle Week

Dieses Festival in New Hampshire ist eine weitere große Rallye für Motorradfans. Sie findet im Juni über neun Tage statt und versammelt Hunderttausende von Bikern und Harley-Davidson-Enthusiasten, aber die Teilnehmerzahlen sind nicht mit denen in Daytona und Sturgis vergleichbar. Offiziell debütierte sie im Juni 1916, als einige Hundert Biker am Weirs Beach in Laconia an örtlichen Motorradrennen teilnahmen. Sieben Jahre später wurde das »Loudon Classic«-Rennen offiziell von der American Motorcycle Federation anerkannt und in deren »Gypsy Tour«-Kalender aufgenommen, der wichtige Rennen auflistet. Die Laconia Motorcycle Week organisiert Shows, Partys und Rennen, die genauso spektakulär sind wie die in Daytona Beach und Sturgis, außerdem Tourenrouten für tolle Trips.

Harley-Davidson-Enthusiasten gibt es viele – darunter Touringbegeisterte und Sammler schöner Maschinen, aber auch Schrauber und Fahrzeugbauer, die immer wieder neue Kunstwerke schaffen. Harley-Davidsons werden von Gesetzeshütern ebenso gefahren wie von »Outlaws«. Infolgedessen ist das Image der Marke kompliziert zu verwalten, da Kundschaft und Fangemeinde aus einer sehr heterogenen Mischung von Menschen bestehen. In Filmen und Fernsehserien nutzt nicht selten die amerikanische Polizei Harley-Davidsons, aber das gleiche Motorrad wird auch von kriminellen Gangs geschätzt. Berühmtheiten auf der Höhe ihrer Karriere fahren Harley-Davidsons und entscheiden sich bewusst für ein Motorrad der Marke aus Milwaukee. Harley-Davidsons bringen Biker zum Träumen, sie faszinieren und sie werden bei Rennen, Treffen und in Shows stolz in Szene gesetzt. Diese Motorräder überzeugen schon auf den ersten Blick, und im Sattel bemerkt man erst recht, dass sich diese imposanten Kraftpakete von anderen Motorrädern unterscheiden.

Wer das Vergnügen hat, mit einer solchen Maschine »on the road« zu gehen, wird mit einem grandiosen Fahrgefühl belohnt, ermöglicht durch die beiden großen V-förmigen Zylinder, den einzigartigen Motorsound und die geschickt gefilterten Vibrationen. Als Harley-Davidson-Fahrer wird man geradezu in eine andere Welt katapultiert – und wird ein Teil jenes ganz speziellen Harley-Davidson-Lebensstils.

50: Logo des Harley-Davidson-Modells FLFBS ANV Fat Boy 114, das zum Jubiläum der Marke im Jahr 2018 in limitierter Stückzahl produziert wurde.

50–51: Das »Live to Ride – Ride to Live«-Logo ist ein zeitloser Klassiker.

LIVE TO RIDE
RIDE TO LIVE
HARLEY-DAVIDSON®

Die besten Modelle

ESTEN MODELLE • Die besten Modelle • DIE BESTEN MODELLE • Die
N MODELLE • Die besten Modelle • DIE BESTEN MODELLE • Die besten
LLE • Die besten Modelle • DIE BESTEN MODELLE • Die besten Modelle
ie besten Modelle • DIE BESTEN MODELLE • Die besten Modelle • DIE
en Modelle • DIE BESTEN MODELLE • Die besten Modelle • DIE BESTEN
lelle • DIE BESTEN MODELLE • Die besten Modelle • DIE BESTEN MO-
• DIE BESTEN MODELLE • Die besten Modelle • DIE BESTEN MODELLE
BESTEN MODELLE • Die besten Modelle • DIE BESTEN MODELLE • Die
N MODELLE • Die besten Modelle • DIE BESTEN MODELLE • Die besten
LLE • Die besten Modelle • DIE BESTEN MODELLE • Die besten Modelle
ie besten Modelle • DIE BESTEN MODELLE • Die besten Modelle • DIE
en Modelle • DIE BESTEN MODELLE • Die besten Modelle • DIE BESTEN
lelle • DIE BESTEN MODELLE • Die besten Modelle • DIE BESTEN MO-
• DIE BESTEN MODELLE • Die besten Modelle • DIE BESTEN MODELLE
BESTEN MODELLE • Die besten Modelle • DIE BESTEN MODELLE • Die
N MODELLE • Die besten Modelle • DIE BESTEN MODELLE • Die besten
LLE • Die besten Modelle • DIE BESTEN MODELLE • Die besten Modelle
ie besten Modelle • DIE BESTEN MODELLE • Die besten Modelle • DIE
en Modelle • DIE BESTEN MODELLE • Die besten Modelle • DIE BESTEN
lelle • DIE BESTEN MODELLE • Die besten Modelle • DIE BESTEN MO-
• DIE BESTEN MODELLE • Die besten Modelle • DIE BESTEN MODELLE
BESTEN MODELLE • Die besten Modelle • DIE BESTEN MODELLE • Die
N MODELLE • Die besten Modelle • DIE BESTEN MODELLE • Die besten
LLE • Die besten Modelle • DIE BESTEN MODELLE • Die besten Modelle
ie besten Modelle • DIE BESTEN MODELLE • Die besten Modelle • DIE
en Modelle • DIE BESTEN MODELLE • Die besten Modelle • DIE BESTEN
elle • DIE BESTEN MODELLE • Die besten Modelle • DIE BESTEN MO-
DIE BESTEN MODELLE • Die besten Modelle • DIE BESTEN MODELLE •

Die Marke Harley-Davidson produziert seit über hundert Jahren Motorräder. Einige Modelle haben Familien hervorgebracht, in denen sich Maschinen mit ähnlichen Merkmalen neu gruppieren und ihren eigenen Stil und Geist vermitteln.

In den letzten Jahren hat sich die Electra-Glide-Familie zum Motorrad für Liebhaber des komfortablen Tourings entwickelt, die Sportster spricht eher Kunden an, die einen agilen und dynamischen Fahrstil bevorzugen, die Softails repräsentieren die traditionellen Harley-Davidsons mit Rahmen, die den älteren Modellen ohne Federung ähneln. Die Dyna-Familie steht für die moderne und straßentaugliche Harley-Davidson, die vom klassischen V-Twin-Motor der Marke angetrieben wird, und die V-Rod-Familie zeichnet sich durch einen besonderen flüssigkeitsgekühlten Motor aus, der kompromisslos Leistung erbringt. Ende August 2017 wird dann außerdem noch die 2018-Reihe vorgestellt, die als eine echte Überraschung das Serienangebot auflockert: Auch wenn diese Touring- und Sportster-Modelle nicht von ihrem herkömmlichen Aussehen abweichen, wurde die Softail-Familie komplett überarbeitet und mit neuen, leichteren und dynamischeren Rahmen ausgestattet, ohne dabei ihr kompaktes Erscheinungsbild zu verlieren. Darüber hinaus wurde im Jahr 2018 die Anzahl der Modelle in der Familie auf neun vergrößert, indem einige Modelle der Dyna-Familie, die aufgegeben worden war, mit aufgenommen wurden. Mit der Baureihe 2018 verschwindet auch die V-Rod-Familie, die den leichteren Modellen der XG 750 Street Platz macht, die laut Hersteller vielversprechender für zukünftige Leistungssteigerungen sind.

Dieses Buch stellt 50 Modelle vor, die die Entwicklung der Harley-Davidson-Motorräder von den Anfangstagen bis heute nachzeichnen. Es handelt sich dabei um Maschinen, die ihre Zeit geprägt haben oder die heute unverzichtbare Referenzen für den Erfolg der Marke darstellen. Mehrere Modelle werden hier beschrieben, die im Laufe der Jahre weiterentwickelt und mechanisch verbessert wurden, aber weiterhin ihren ursprünglichen Namen tragen, da sie, was Philosophie und Geist angeht, den ursprünglichen Designs treu geblieben sind.

Motorräder der Marke Harley-Davidson sind keinesweg Maschinen, die jährlich durch neue Modelle mit trendigen Namen ersetzt werden, sondern emotionsgeladene Krafträder, die über Jahrzehnte hinweg weiterentwickelt und zu Klassikern wurden.

Auf den folgenden Seiten wird etwa das Modell 2002 der XLH 883 Sportster vorgestellt, aber in der zugehörigen Tabelle sind alle technischen Merkmale der zwischen 1986 und 2003 produzierten XLH 883 aufgelistet.

Dieses Buch zeichnet die große Leidenschaft nach, die die Harley-Davidson-Motorräder auszeichnet, angefangen bei der legendären ersten Harley-Davidson, die sich zu einer Generation von Einzylinder-Maschinen vervielfältigte. Hinzu gesellten sich bald Maschinen, die von den berühmten V-Twin-Motoren angetrieben wurden, die zum Referenzbild der Marke wurden. Das Unternehmen entwickelte einige verschiedene Motoren, wie etwa für die W Sport Twin, die von 1919 bis 1923 von einem Längsblock angetrieben wurde und nicht den Erfolg des Rennmodells R mit acht Ventilen erreichte, die von 1915 bis 1921 produziert wurde. Die gewaltigen Einzylinder, insbesondere die »Peashooter«, verhalfen Harley-Davidson von 1926 bis 1935 zu einer neuen Reputation als Sportmotorrad-Marke, nachdem das Unternehmen 1921 mit seinem Team praktisch unbesiegbarer Fahrer, der sogenannten »Wrecking Crew«, diesen Status erlangt hatte.

Die Kriegsjahre prägen dann das Bild der unverwüstlichen Harley-Davidsons durch die berühmten Militärmaschinen 45 WLA und WLC, die mit Flathead-Motoren ausgestattet sind. Diese haben jedoch modernere Motoren als den üblichen Seitenventil-Flathead. Beispiele dafür sind der OHV-Knucklehead, gefolgt vom Panhead, die Harley-Davidson von den starren Springer-Gabelrahmen über moderne Teleskopgabeln bis hin zu Rahmen mit Schwingen und

Hinterradaufhängungen führen, für die die Firma aus Milwaukee berühmt wurde.

Die Sportsters kommen zur rechten Zeit, um das Image der Marke zu erneuern und ihr zu neuem Leben zu verhelfen, vor dem Shovelhead-Big-Twin-Motor und nach dem Panhead-Motor sowie der brandneuen Duo Glide (aus der die Electra Glide wird). Der Einfallsreichtum von Willie G. Davidson erweitert die einzigartige Domäne der Electra Glide und bringt die Super-Glide- und Low-Rider-Familien hervor – beliebte Motorräder, die zu Legenden werden und den Fortschritt durch die Übernahme der folgenden Motorengenerationen fortsetzen: Evolution und Twin Cam. Die berühmte Harley-Davidson FXB Sturgis aus den Jahren 1980 bis 1982, komplett schwarz und mit einem Shovelhead-Motor und seinen primären und sekundären Antriebsriemen ausgestattet, stellt das seltenste Modell mit Shovelhead-Motor dar.

Mit dem Shovelhead, der in den neuen Evolution-Aluminium-Antriebsblock eingearbeitet ist, erfindet Harley-Davidson die legendäre Softail, ein erstes Modell, das zu einem schönen und seltenen Sammlerstück wird. Die nachfolgenden Modelle, wie die berühmte, ganz in Grau gehaltene 1990er Fat Boy FLSTF oder die 1986er Heritage FLST in limitierter Auflage, um nur die begehrtesten und seltensten Modelle zu nennen, erfreuen sich jedoch einer besonders langen Produktionszeit, oft noch weiterentwickelt durch neue Motoren, Fahrwerke und Ausstattungen.

Die erste Sportster, die Mitte der 1980er-Jahre den Aluminiummotor einführt, entwickelt sich zu einer reichhaltigen und abwechslungsreichen Linie mit drei Hubraumarten, darunter ein kurzlebiger 1100-cm^3-Motor, der bald durch den 1200-cm^3 ersetzt wird. Einige Modelle werden nur für kurze Zeit produziert, wie etwa die 1977 und 1978 gefertigte XLCR Café Racer, die zu einem äußerst seltenen Museumsstück wird, aber die meisten Sportster-Maschinen haben relativ lang im Sortiment Bestand, als typische Harley-Davidsons preisgünstig und sehr wandlungsfähig.

Wenn sich Gran-Turismo-Fans dem Angebot an Touring-Motorrädern zuwenden, zu denen heute neben der Electra-Glide-Familie auch die Tri-Glide-Trikes gehören, die den Geist der legendären dreirädrigen Harley-Davidsons wieder aufleben lassen, wie er einst durch das Servi-Car verkörpert wurde, finden sie modernes Fahrwerk vor, das die Tradition der Low Rider zusammen mit der Dyna-Glide-Familie fortsetzt und es Harley-Davidson ermöglichte, seit Anfang der 1990er-Jahre eine neue Kundengruppe zu erreichen. Bis 2017 folgte die Entwicklung dieser Modellreihe den eher traditionellen Maschinen der Softail-Familie, 2018 wurde sie dann aber komplett überarbeitet, um die Neo-Retro-Ästhetik mit einer Dynamik, die an die alte Dyna erinnerte, noch besser in Einklang zu bringen. Diese beiden Familien, die Dynas und die Softails, mit den jeweils typischen Rahmen, werden bald zu begehrten Sammlerstücken.

Bei Harley-Davidson ist das Design von entscheidender Bedeutung, wie man an den gefertigten Motorrädern deutlich sieht. Das Image der Marke ist besonders wichtig, da so viele andere Hersteller mit modernen Technologien und Innovationen eine Konkurrenz darstellen. Harley-Davidson verkaufte mehrere Modelle aufgrund der Tatsache, dass sie die Ästhetik der ursprünglichen Maschinen bewahrten. Mit einer einzigartigen Anziehungskraft!

DIE ERSTE F-HEAD-EINZYLINDER

1903–1905

1900 haben William S. Harley, Zeichner in einer Metallfabrik in Milwaukee, und sein Freund Arthur Davidson, ein Modellbauer, die Idee, ein motorisiertes Fahrrad zu bauen, um ihre bevorzugten Angelplätze leichter erreichen zu können. Ende 1900 und Anfang 1901 entwerfen sie einen ersten Motor mit einem Vergaser. Der Motor funktioniert, aber es fehlt ihm an Leistung und er verliert Öl. Walter Davidson, einer von Arthurs Brüdern, der zu dieser Zeit für eine Eisenbahngesellschaft arbeitet, wird während der Hochzeit des dritten Bruders der Familie, William Davidson, aufgefordert, den Prototyp zu testen. Aber das Motorrad besteht bislang nur aus Einzelteilen, und Arthur und William benötigen den Spezialisten, um den Zusammenbau zu vollenden. So wird der erste Prototyp erst 1902 fertiggestellt. Im Frühjahr 1903 werden die ersten Fahrversuche mit einem Motorrad unternommen, das aus einem Fahrradrahmen mit

Erste F-Head-Einzylinder

TECHNISCHE DATEN

MOTOR	
Typ:	Viertakt-Einzylinder, luftgekühlt
Triebwerk:	Vakuumventil
Hubraum:	405 cm^3
Bohrung x Hub:	76,2 x 88,9 mm
Leistung:	etwa 3 PS
Gemischbildung:	Vergaser (etwa ø 22 mm), H-D-Herstellung
Zündung:	6V-Batterie und Spule

KRAFTÜBERTRAGUNG	
Gänge:	keine Gangschaltung
Primärantrieb:	direkt
Sekundärantrieb:	Lederriemen

FAHRWERK	
Rahmen:	Einrohrrahmen
Stoßdämpfer:	keine (nur Sitz auf Federung)
Bereifung:	2.5 x 28
Vorderradbremse:	keine
Hinterradbremse:	Rücktrittbremse

ABMESSUNGEN UND GEWICHT	
Radstand:	1295 mm
Tankinhalt:	5,7 l
Motorölfüllmenge:	1,9 l
Trockengewicht:	81 kg

PERFORMANCE UND PREIS	
Höchstgeschwindigkeit:	etwa 56 km/h
Farbe:	Piano Black
Preis:	200 Dollar

einem Viertakt-Einzylinder besteht, der in direkter Übertragung das Hinterrad durch einen Riemen antreibt. Obwohl der Motor zuverlässig ist und es auf Geschwindigkeiten von bis zu 40 km/h bringt, erfordert seine mangelnde Leistung den Einsatz von Pedalen, und der Fahrradrahmen ist zu instabil. Deshalb bauen die Erfinder einen leistungsstärkeren Motor sowie ein spezieller Rahmen. Mit dem verstärkten Fahrwerk und dem neuen, vor den Pedalen angebrachten Motor, wird die erste Harley-Davidson geboren. Im selben Jahr folgen zwei weitere Krafträder, womit die Harley-Davidson Motor Company 1903 ihre Gesamtproduktion auf drei Motorräder erhöht. Die Lettern »Harley-Davidson« in Gold auf schwarzem Grund zieren die Maschinen auf der linken Seite des Kraftstofftanks. Die drei ersten Motorräder werden im Sommer und Herbst 1903 verkauft, noch bevor sie fertiggestellt sind.

SILENT GREY FELLOW

1906–1907

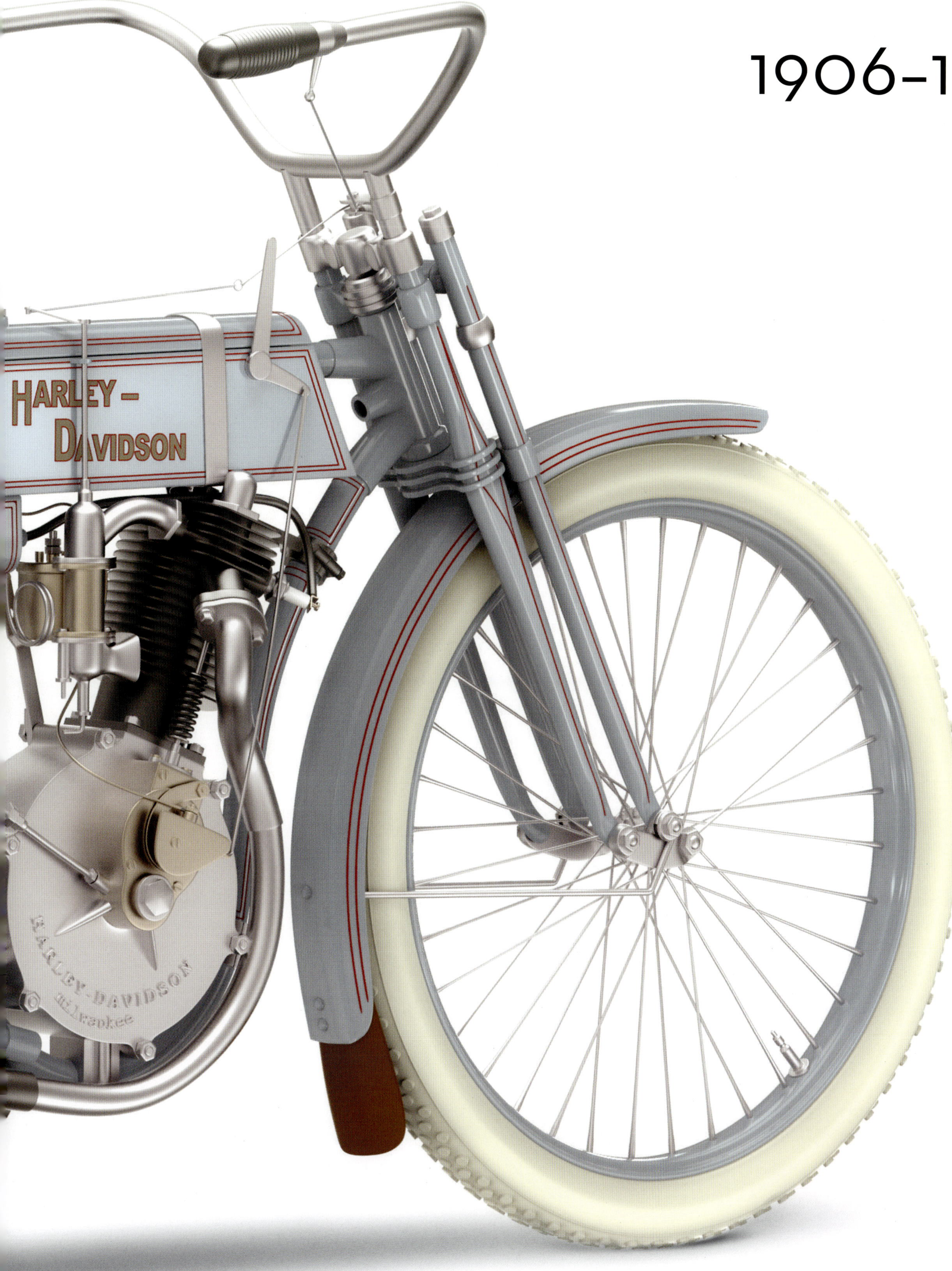

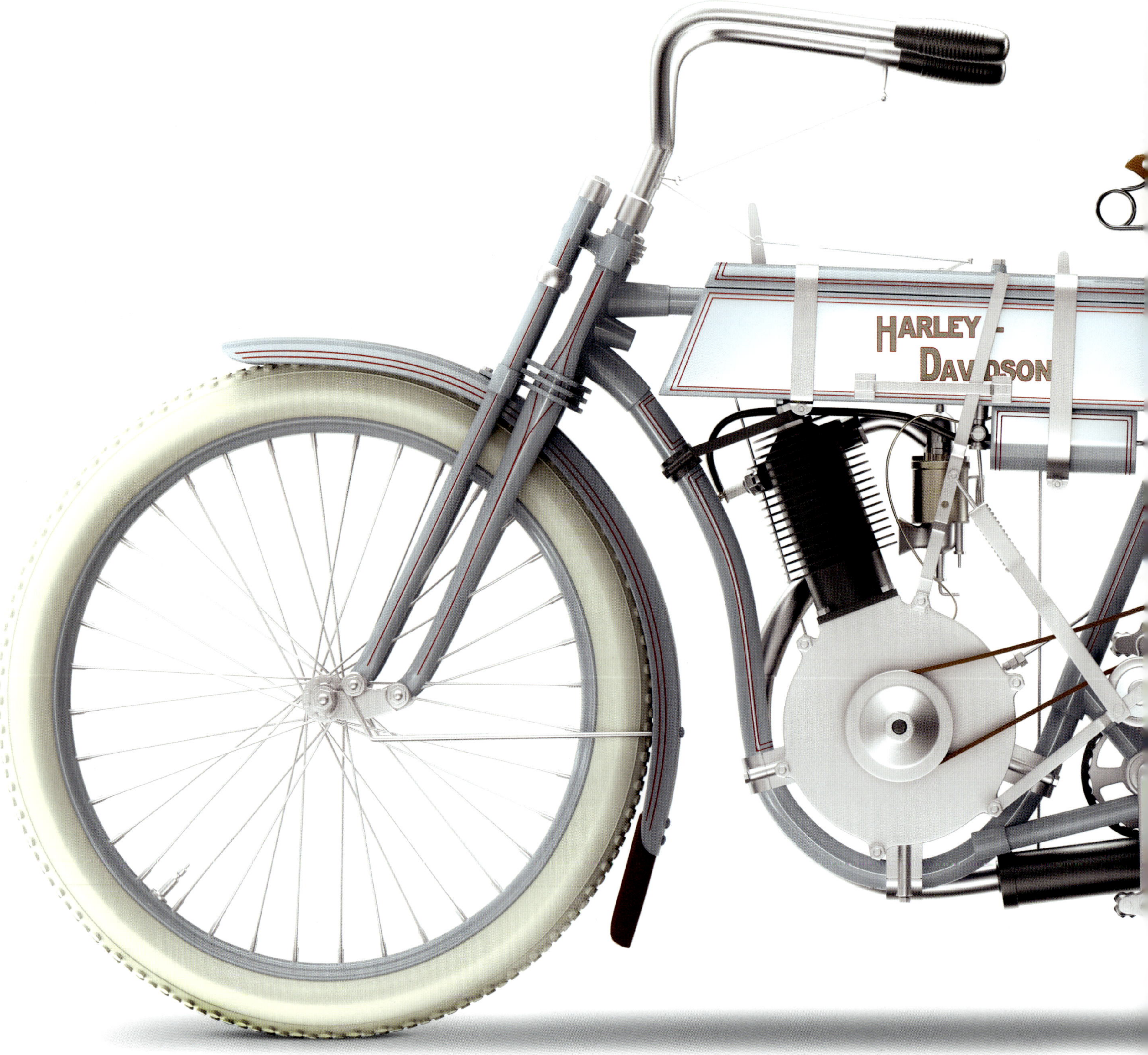

1906 stellen sechs Vollzeitbeschäftigte der Motor Company 50 Modelle her, angetrieben vom Harley-Davidson-Einzylinder, dessen Hubraum kürzlich auf 440 cm^3 erhöht wurde. Diese Motorräder sind mit einer fahrradähnlichen Hinterradbremse (Rücktrittbremse) ausgestattet. Harley-Davidson verkauft dieses Motorrad im Jahr 1906 für 200 Dollar mit der traditionellen Lackierung in »Piano Black«, wobei eine zweite Farbe als Sonderausstattung erhältlich ist: »Renault Grey«.

Die Produktion des Unternehmens verdreifacht sich 1907, sodass 150 Einzylinder-Motorräder hergestellt werden, die in Grau oder Schwarz erhältlich sind. Im Vergleich zum Vorjahr steigt der Basispreis um fünf Prozent auf 210 Dollar; diese zehn Dollar mehr

F-Head-Einzylinder Silent Grey Fellow (1906–1907)

TECHNISCHE DATEN

MOTOR	
Typ:	Viertakt-Einzylinder IOE, luftgekühlt
Triebwerk:	Vakuumventil
Hubraum:	440 cm^3
Bohrung x Hub:	79,4 x 88,9 mm
Leistung:	etwa 4 PS
Gemischbildung:	Schebler-Vergaser
Zündung:	6V-Batterie und Spule

KRAFTÜBERTRAGUNG	
Gänge:	keine Gangschaltung
Primärantrieb:	direkt
Sekundärantrieb:	Lederriemen

FAHRWERK	
Rahmen:	Einrohrrahmen
Aufhängung vorne:	keine (1906), Sager-Springer-Gabel (1907)
Aufhängung hinten:	keine (Sitz auf Federung)
Bereifung:	2.5 x 28
Vorderradbremse:	keine
Hinterradbremse:	Rücktrittbremse

ABMESSUNGEN UND GEWICHT	
Radstand:	1295 mm
Tankinhalt:	5,7 l
Motorölfüllmenge:	1,9 l
Trockengewicht:	84 kg

PERFORMANCE UND PREIS	
Höchstgeschwindigkeit:	etwa 64 km/h
Farben:	Piano Black oder Renault Grey
Preis:	210 Dollar

bieten dem Fahrer jedoch mehr Komfort, dank der Einführung einer neuen Springer-Gabel vom Typ »Sager Cushion«, mit Federn, die in zwei parallelen Rohren untergebracht sind. Der Einzylinder mit 440 cm^3 startet immer noch mit Pedalbedienung und Kette, ein flacher Lederriemen treibt das Hinterrad an. Während der Tankinhalt bei 5,7 l bleibt und dem Fahrer zu einer Reichweite von 160-200 km verhilft, erhöht sich 1907 die Motorölfüllmenge auf 2,4 l und sorgt nun für Schmierung über 800 km. Harley-Davidson nennt das Motorrad »Silent Grey Fellow«, in Anlehnung an die graue Lackierung und den manuell justierbaren Schalldämpfer, der ein leiseres Fahren in der Stadt ermöglicht – bei Überlandfahrten kann der Fahrer dann den vollen Sound der Maschine genießen.

MODEL 11-K

1915

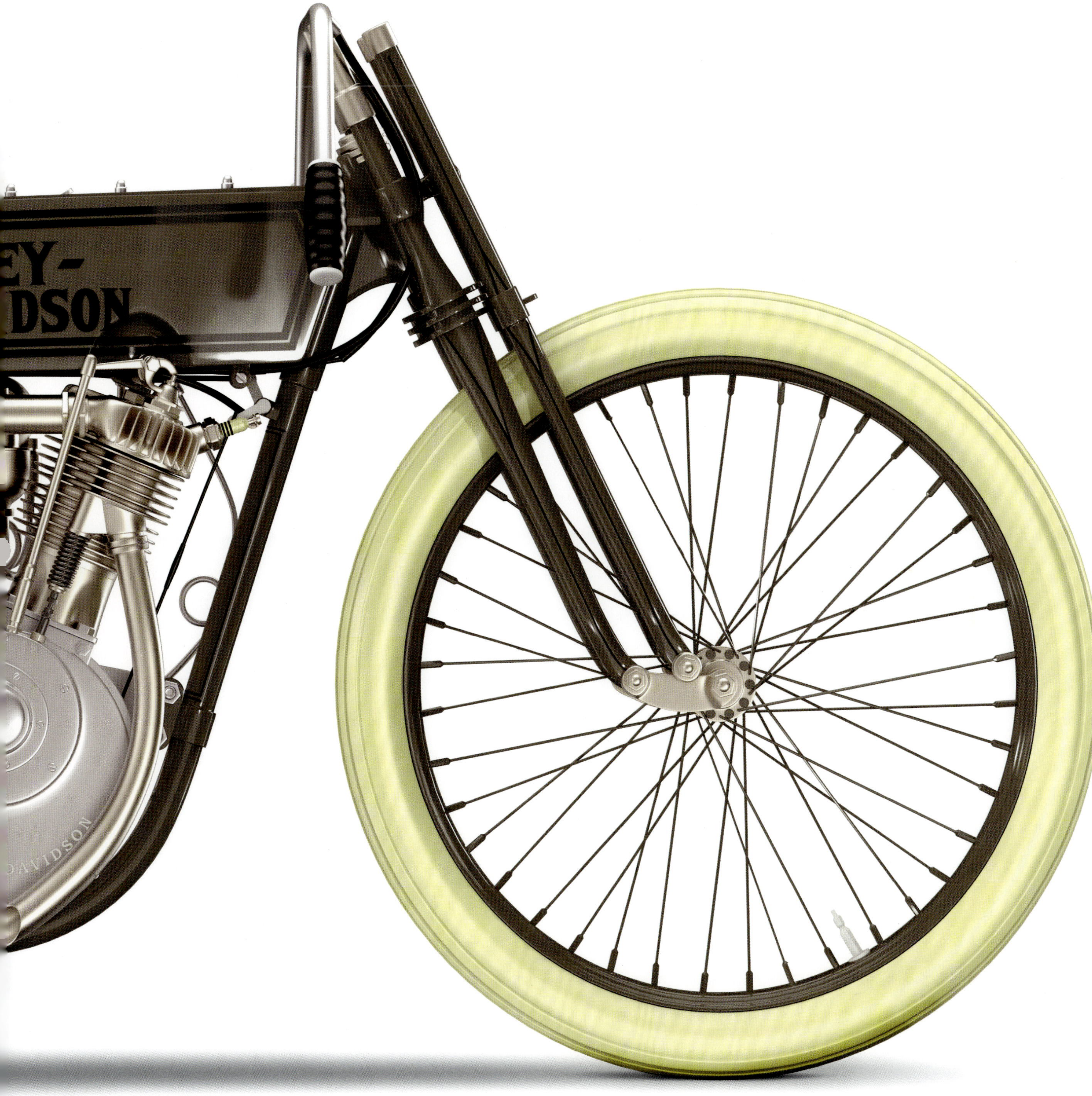

Harley-Davidson produziert sein erstes V-Twin-Motorrad im Jahr 1909. Der neue 45-Grad- Zweizylinder-Motor liefert sieben PS mit einem Hubraum von 811 cm³. Ein Flachriemen oder Keilriemen, beide optional erhältlich, sorgen für die Kraftübertragung auf das Hinterrad, wobei Startkette und Kurbelsatz geschont werden. Wie der frühere Einzylinder-Harley-Davidson-Motor verwendet auch der neue V-Twin Vakuum-Einlassventile. Der durch das Absenken des Kolbens erzeugte Sog öffnet die Einlassventile, sodass das Luft-Kraftstoff-Gemisch in den Motor gelangt. Dieses System funktioniert bei V-Twin-Motoren allerdings nur mäßig, und nach der Herstellung von 27 V-Twins wird deren Produktion eingestellt. 1911 nimmt Harley-Davidson die Produktion eines V-Twins mit 811 cm³ wieder auf, begleitet von einem V-Twin mit 988 cm³ Hubraum im Jahr 1912, der der einzige V-Twin von 1913 bleibt.

F-Head 11-J V-Twin (1915)

TECHNISCHE DATEN

MOTOR	
Typ:	45-Grad-Viertakt-IOE-V-Twin, luftgekühlt
Triebwerk:	mechanisch gesteuerte Einlassventile
Hubraum:	988 cm^3
Bohrung x Hub:	88,9 x 84,1 mm
Leistung:	etwa 11 PS
Gemischbildung:	Schebler-Vergaser
Zündung:	6V-Batterie und Spule

KRAFTÜBERTRAGUNG	
Getriebe:	Dreigang, mit Stufenschaltung
Primärantrieb:	Kette
Sekundärantrieb:	Kette

FAHRWERK	
Rahmen:	Einrohrrahmen
Aufhängung vorne:	Sager-Springer-Gabel
Aufhängung hinten:	keine
Bereifung:	3.0 x 28
Vorderradbremse:	keine
Hinterradbremse:	mit dem rechten Pedal betätigte Trommelbremse

ABMESSUNGEN UND GEWICHT	
Radstand:	1511 mm
Tankinhalt:	10,4 l
Motorölfüllmenge:	2,4 l
Trockengewicht:	147 kg

PERFORMANCE UND PREIS	
Höchstgeschwindigkeit:	etwa 97 km/h
Preis:	310 Dollar

Im Jahr 1915 wird dieser V-Twin mit neuen Zylindern, größeren Gaseinlasskanälen, 45-Grad-Einlass-Ventilsitzen und einem größeren Einlassrohr modernisiert. Eine automatische Ölpumpe verbessert die Schmierung, eine manuelle Pumpe unterstützt dieses System. Eine Modifikation des Ventilsteuerungssystems schafft an der unteren rechten Seite des Kraftstofftanks Platz für die Ventile. Diese Verbesserungen erhöhen die Leistung des Motors um mehr als ein Drittel, von acht auf elf PS. Die Modelle 11-H und 11-J der Baureihe von 1915 erhalten die erste komplette elektrische Ausrüstung. Diese umfasst einen Generator, einen Frontscheinwerfer, ein Rücklicht und eine Hupe. Das Unternehmen baut 3719 Zweizylinder-J-Modelle, die für 310 Dollar pro Exemplar verkauft werden, sowie 121 KR Roadster Racers und 37 KT Track Racers (Zweizylinder-K-Modelle), für 250 Dollar pro Einheit.

W SPORT TWIN

1919–1923

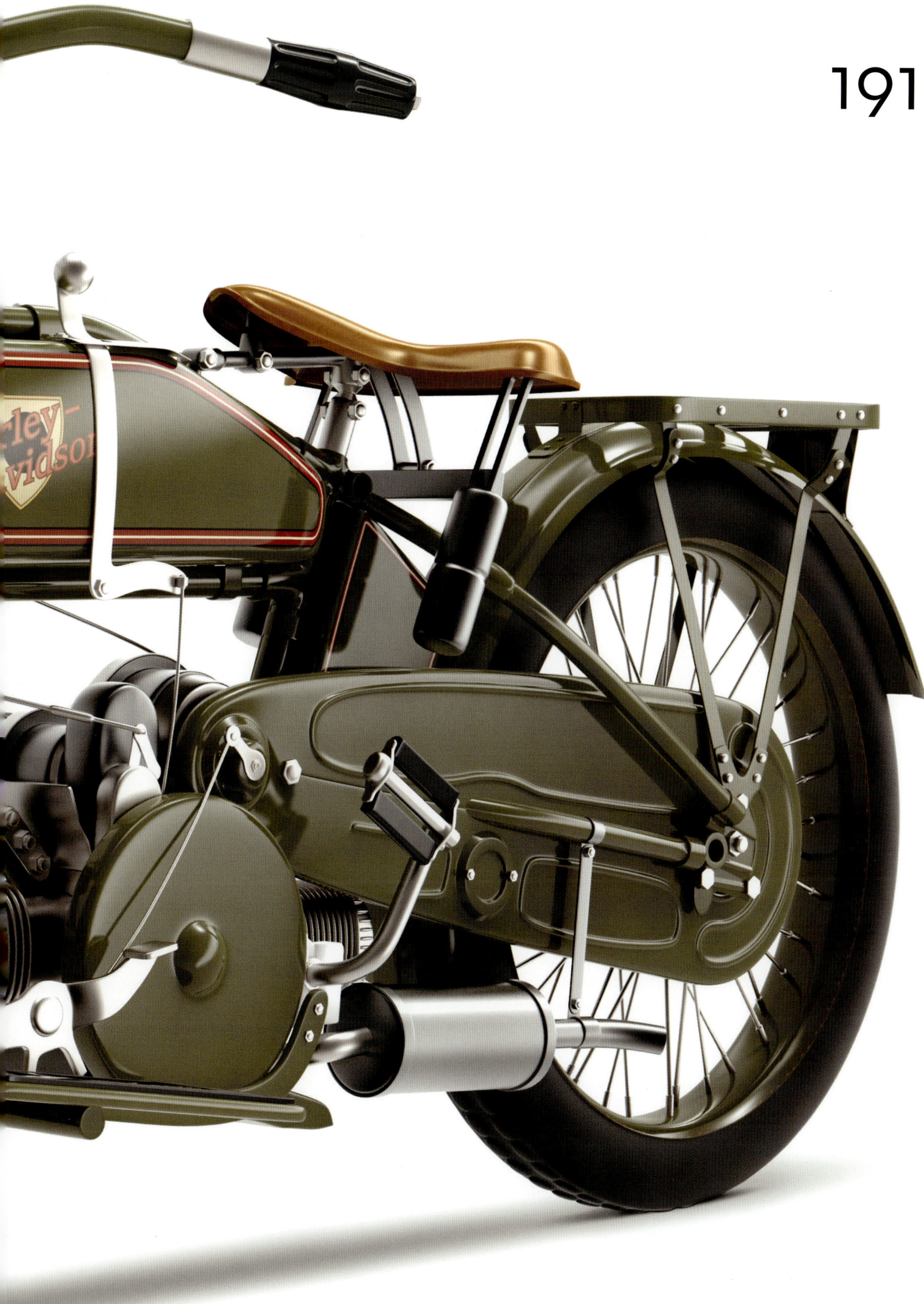

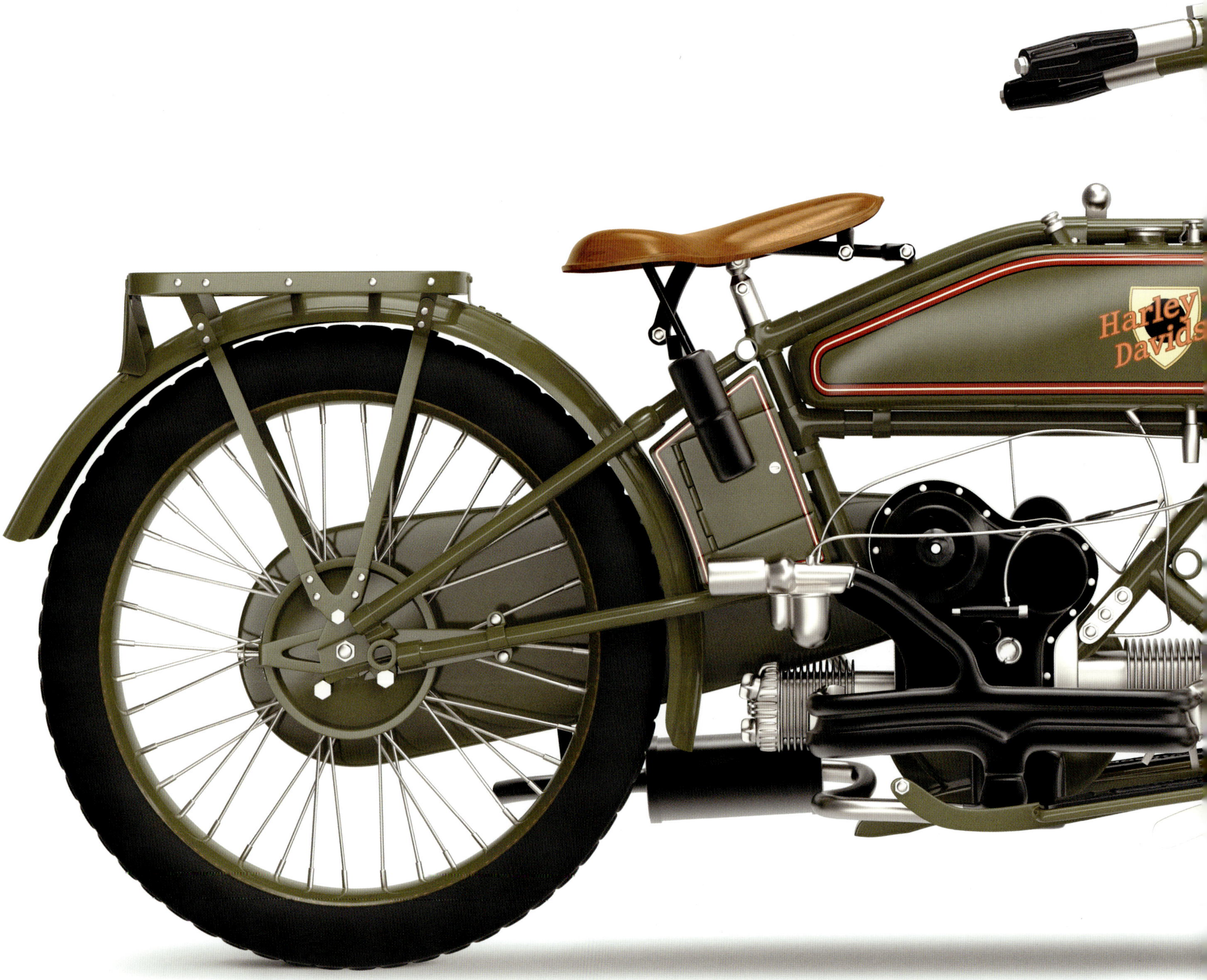

Nach dem Krieg erkennt Harley-Davidson, dass Motorräder nicht mehr nur utilitaristische Funktionen erfüllen, sondern auch Verwendung bei der Freizeitgestaltung finden. Es zeigt sich, dass neue Fahrer an leichteren, sportlicheren Modellen interessiert sind. In den Jahren 1917 und 1918 hatte Indian Motorcycle, der Hauptkonkurrent der Firma, bereits ein Motorrad auf Grundlage der britischen Douglas-Flat-Twin-Motoren mit Längszylindern hergestellt, aber der daraus resultierende Hubraum von 250 cm^3 reichte nicht aus. Im Jahr 1919 überarbeitet Harley-Davidson das Konzept mit der W Sport Twin mit 584 cm^3. Dieses Motorrad unterscheidet sich radikal von der Harley-Davidson-Tradition, nicht nur, was die Mechanik, sondern auch, was das Fahrwerk angeht. Der Motor besteht nun aus Zylindern und Köpfen, die zusammen in einem Block untergebracht sind, der aber dank der Motorkonfiguration vom Kurbelgehäuse getrennt werden kann, ohne den kompletten Block abmontieren zu müssen. Sogar die vier Ventile, die von einer einzigen Nockenwelle angetrieben werden, und ihre Schienen können abmontiert werden, ohne den Motor aus dem Fahrwerk auszubauen. Der Primärantrieb, mit schraubenförmigem Kettenrad, überträgt die Kraft über ein oberhalb des Motors angebrachtes Ölbad, während die Kette

WF Sport Twin (1919–1923) und WJ Sport Twin (1920–1923)

TECHNISCHE DATEN

MOTOR	
Typ:	zwei Zylinder in Längsrichtung auf gegenüberliegenden Ebenen, luftgekühlter Viertakter
Triebwerk:	Seitenventile
Hubraum:	484 cm^3
Bohrung x Hub:	70 x 76,2 mm
Leistung:	etwa 6 PS
Gemischbildung:	Schebler-Vergaser
Zündung:	Magnet (oder Batterie und Spulen beim WJ-Modell)

KRAFTÜBERTRAGUNG	
Gänge:	Dreigang
Primärantrieb:	Schrägzahnriemen
Sekundärantrieb:	Kette unter dem Kurbelgehäuse

FAHRWERK	
Rahmen:	hängendes Stahlrohr
Aufhängung vorne:	einfache Springer-Gabel
Aufhängung hinten:	keine
Bereifung:	3.00 x 26
Vorderradbremse:	keine
Hinterradbremse:	externe Kontraktion mit Bremspedal

ABMESSUNGEN UND GEWICHT	
Radstand:	1448 mm
Tankinhalt:	10,4 l
Motorölfüllmenge:	1,9 l
Trockengewicht:	120 kg

PERFORMANCE UND PREIS	
Höchstgeschwindigkeit:	etwa 80,5 km/h
Preis (in Dollar):	335 (1919–1920), (1921: WF = 415, WJ = 445), (1922: WF = 310, WJ = 340), (1923: WF = 275, WJ = 295)

MODELLE UND VARIATIONEN
WF: Acetylenzündung
WJ: Elektronisch, mit Batterie, Spulen und Beleuchtung

durch ein Kurbelgehäuse geschützt ist. Auf die Einfachheit der Wartung wurde besonderes Augenmerk gelegt, um eine neue Kundschaft anzuziehen, die sich ein Freizeitmotorrad wünschte. Und mit der Gabel wurde eine für Harley-Davidson neue Art der Federung eingeführt. Das Vorderrad war über untere Bolzen mit Gabelrohren verbunden, die über obere Bolzen eine zentrale Feder betätigten. Die sechs PS waren kein Handicap für das 120 kg leichte Motorrad, aber sein Konzept, das sich radikal von traditionellen amerikanischen V-Twin-Motorrädern unterschied, brachte nicht den erhofften Erfolg. Die WF-Version kam 1920 mit Acetylenzündung auf den Markt, bis zum Ende der Produktion 1923 in der WJ-Version mit Batterie und elektronischer Zündung.

B 21

1928

Als Antwort auf den Indian Prince des Konkurrenten präsentiert Harley-Davidson 1926 zwei neue Modelle, angetrieben von Einzylindern mit zwei verschiedenen Technologien: Die Solo-Modelle A und B mit Seitenventilen (Flathead-Motor) und Kolben aus Eisenlegierung, sowie die Sport Solo-Modelle AA und BA mit Überkopfventilen (OHV) und Aluminiumkolben. Das Modell B wird für 235 und das BA mit OHV für 275 Dollar verkauft. 1926 stellt Harley-Davidson nur 515 BAs her, vom B-Modell 5979. Die BA-Modelle werden bis 1929 produziert, die B-Modelle bis 1934. Für 300 Dollar ist auch das Wettbewerbsmodell S mit OHV-Motor erhältlich, der als »Peashooter« für seinen »Pop-Pop-Pop«-Sound berühmt wird. Das Unternehmen entwickelt diesen Motor aus Teilen seiner Serienproduktion, um die Vorschriften für eine neue Rennklasse mit weniger als 350 cm^3 zu erfüllen, registriert in der Nationalmeisterschaft von 1926. Offen-

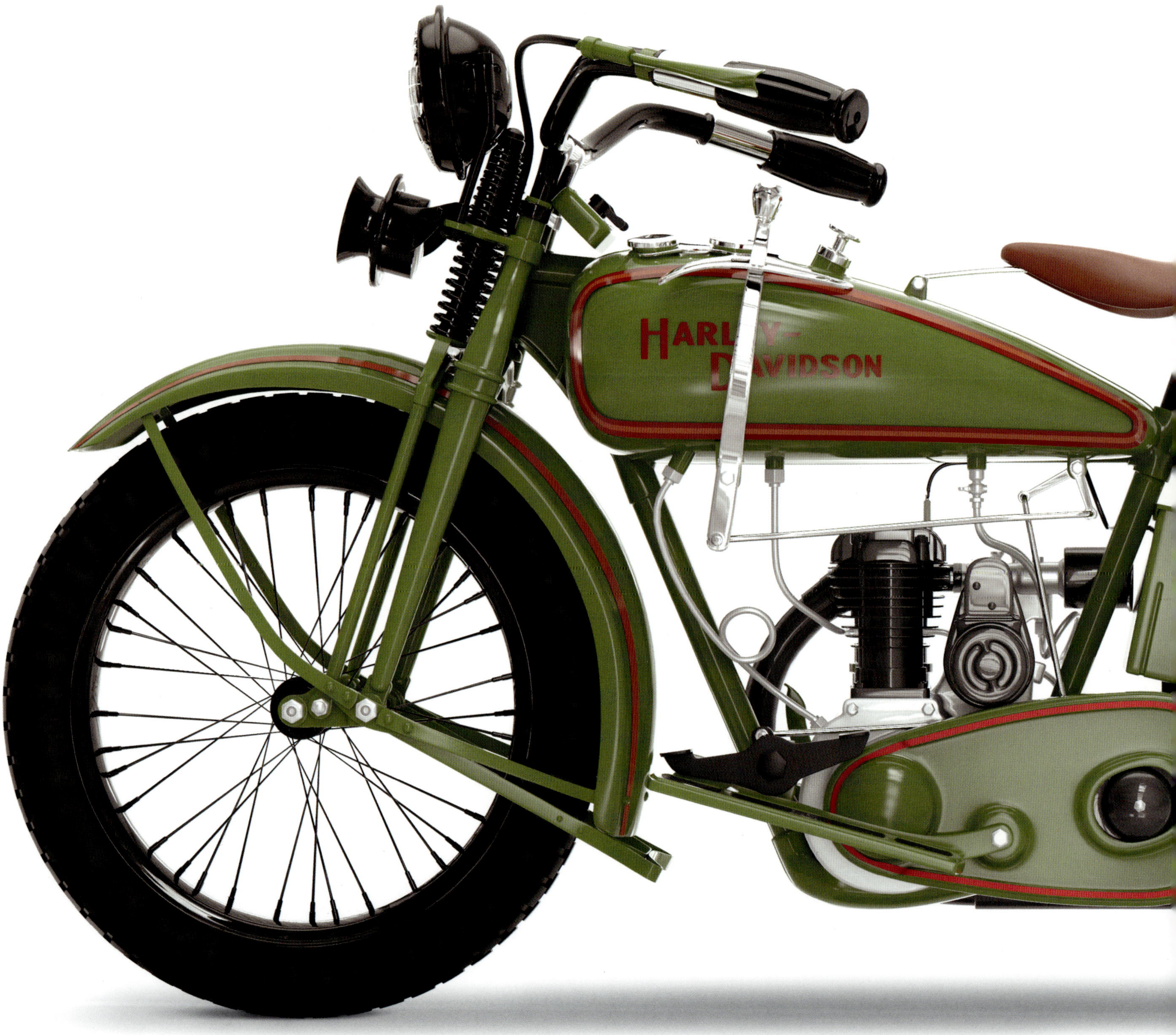

sichtlich werden die damals produzierten Einzylinder A und B mit 346 cm^3 dieser Hubraumvorgabe gerecht. Ein effizienterer Zylinder mit zwei Anschlüssen, von Harry Ricardo entworfen, verbessert das Luftsystem der Einzylinder der ursprünglichen Harley-Davidson-Produktion, und Bosch entwickelt einen kompakten Zündmagneten mit dem Spitznamen »The Baby«. Diese Modelle haben den Vorteil, dass sie leicht zu reparieren sind, da die Zylinderköpfe schnell abmontiert werden können.

21 Solo: A – B und AA – BA (1926)

TECHNISCHE DATEN

MOTOR	
Typ:	Viertakt-Einzylinder, luftgekühlt
Triebwerk:	A und B mit Seitenventilen, AA und BA mit Überkopfventilen
Hubraum:	345 cm^3
Bohrung x Hub:	73 x 82,5 mm
Leistung:	A-B = 8 PS, AA-BA = 12 PS
Gemischbildung:	Schebler-Vergaser
Zündung:	A–AA = Magnetzündung; B-BA = 6V-Batterie und Spule

KRAFTÜBERTRAGUNG	
Gänge:	Dreigang
Primärantrieb:	Kette
Sekundärantrieb:	Kette

FAHRWERK	
Rahmen:	Einrohrrahmen
Aufhängung vorne:	Springer-Gabel
Aufhängung hinten:	keine
Bereifung:	3.3 x 26
Vorderradbremse:	keine
Hinterradbremse:	Trommelbremse

ABMESSUNGEN UND GEWICHT	
Radstand:	1435 mm
Tankinhalt:	11,4 l
Motorölfüllmenge:	2,8 l
Trockengewicht:	AA= 111,5 kg, A= 114 kg, BA= 119,5 kg, B= 122 kg

PERFORMANCE	
Höchstgeschwindigkeit:	A und B = etwa 88,5 km/h, AA und BA = etwa 97 km/h

VLD 74

1936

Das Harley-Davidson VL-Modell, das das Modell J ersetzt, erscheint Ende 1929. Mit seinen abnehmbaren Zylindern und Zylinderköpfen, entworfen von Harry Ricardo, ersetzt das VL-Modell den letzten Harley-Davidson-F-Head. Der 1200-cm^3-Motor erbringt Leistungen zwischen 26 und 28 PS und hat Magnesiumkolben. Seine Flachkopf-Konfiguration mit Seitenventilen ist dank Zylinderköpfen, die schnell abmontiert werden können, um die Ventile zu reparieren, besonders wartungsfreundlich. Die Ingenieure haben die Maschine mit einer internen Hinterrad-Trommelbremse ausgestattet, die das bisher verwendete externe Kontraktionssystem ersetzt.

Die 1933 erschienene VLD Special Sport Solo ist die neue Sportversion der VL-Serie, mit neuem Y-förmigem Einlassrohr und leichteren Kolben aus einer Magnesiumlegierung. Dank der neuen Zylinder und abnehmbaren Ricardo-Zylinderköpfe mit Seitenventilen kann der Motor eine Leistung von 36 PS entwickeln, 20 Prozent mehr als der der VL-Serie. Wie bei den anderen Modellen der

Baureihe aus dem Jahr 1933 ziert ein stilisierter Art-déco-Adler den Benzintank. Während Harley-Davidson 1933 nur 780 VLDs produziert, stellt das Unternehmen 1934 stolze 4527 Exemplare her. Ab 1937 werden die Modelle der V-Familie zu Modellen der U-Familie und erhalten den Doppelschleifen-Rahmen der Knucklehead. Im Jahr 1939 werden die Modelle der U-Flathead-Familie, wie etwa die der E-Knucklehead-Familie, mit einem Viergang-Schaltgetriebe ausgestattet, dessen Neutralstellung zwischen dem zweiten und dritten Gang liegt. Dies wird das einzige Jahr sein, in dem dieses spezielle Schaltsystem hergestellt wird.

V-VL 74 Flathead V-Twin VL (1930–1936)

TECHNISCHE DATEN

MOTOR

Typ:	45-Grad-Viertakter-V-Twin Flathead, luftgekühlt
Triebwerk:	Seitenventile
Hubraum:	1207 cm^3
Bohrung x Hub:	87,3 x 101,6 mm
Leistung:	30 PS
Gemischbildung:	Schebler-Vergaser (ø 32 mm)
Zündung:	6V-Batterie und Spule

KRAFTÜBERTRAGUNG

Gänge:	Dreigang
Primärantrieb:	Duplex-Kette
Sekundärantrieb:	Kette

FAHRWERK

Rahmen:	Einrohrrahmen
Aufhängung vorne:	Springer-Gabel
Aufhängung hinten:	keine
Bereifung:	4.00 x 19
Vorderradbremse:	Trommelbremse
Hinterradbremse:	Trommelbremse

ABMESSUNGEN UND GEWICHT

Radstand:	1524 mm
Tankinhalt:	15 l
Motorölfüllmenge:	3,8 l
Trockengewicht:	240 kg

PERFORMANCE

Höchstgeschwindigkeit: etwa 128 km/h

MODELLE UND VARIATIONEN

V Solo: Mittleres Verdichtungsverhältnis und 28 PS

VL Solo Sport: Hohes Verdichtungsverhältnis und 36 PS

VM-Modelle: Mittleres Verdichtungsverhältnis und Magnetzündung

VLM-Modelle: Hohes Verdichtungsverhältnis und Magnetzündung

VS: Modell zum Anbringen von Beiwagen

V-Modelle: Business-Modelle

VLD: mit VL 1933, ab 1934 durch die VLD ersetzt, die Modelle U Solo, UL Sport Solo und US für Beiwagen ersetzen die der V-Flathead-Familie ab 1937

Hubraum 1310 cm^3**:** 1935 VLDD und VDDS, 1936 VLH und VLHS, UH, ULH, und UHS zwischen 1937 und 1941

WLA 45

1941–1945

Flathead WLA – WLC (1941–1945)

TECHNISCHE DATEN

MOTOR	
Typ:	45-Grad-V-Twin-Viertakter, luftgekühlt
Triebwerk:	Seitenventile
Hubraum:	747 cm^3
Bohrung x Hub:	69,8 x 96,8 mm
Verdichtung:	5:1
Leistung:	23 PS
Gemischbildung:	Linkert-Vergaser
Zündung:	6V-Batterie und Spule

KRAFTÜBERTRAGUNG	
Gänge:	Dreigang
Primärantrieb:	Duplex-Kette
Sekundärantrieb:	Kette

FAHRWERK	
Rahmen:	Einrohrrahmen
Aufhängung vorne:	Springer-Gabel
Aufhängung hinten:	keine
Bereifung:	4.00 x 18 (Offroad: 5.50 x 16)
Vorderradbremse:	Trommelbremse
Hinterradbremse:	Trommelbremse

ABMESSUNGEN UND GEWICHT	
Radstand:	1460 mm
Tankinhalt:	13 l
Motorölfüllmenge:	3,6 l
Gewicht:	260 kg, inklusive Tankfüllung, Öl, und Militärausstattung

Ab 1942 produziert Harley-Davidson Zehntausende von 45 WLA- und WLC-Maschinen für die Streitkräfte der Vereinigten Staaten, Kanadas und Englands. Alle WLA-Modelle, die während des Zweiten Weltkriegs hergestellt werden, sind Jahrgang 1942. Wenn diese Motorräder das Werk verlassen, sind sie mit Windschild inklusive Leinenschürze, Beinschutz aus Stahl, einem bis zu 120 kg belastbaren Gepäckträger, moderner Springer-Gabel, halbkreisförmigen Trittbrettern, abgedichtetem Ölbad, staubdichtem Luftfilter, Munitionskasten, Verdunkelungsscheinwerfern, Rücklichtern, Bremslichtern und Fassung für ein Maschinengewehr (eine 45-Kaliber-Thompson bei den amerikanischen Streitkräften) ausgestattet. Die Linkert-Vergaserdüsen werden ausgewechselt, und das Verdichtungsverhältnis wird bei den ersten Militärmodellen auf 4,3:1 gesenkt, dann wieder auf 5:1 erhöht. Harley-Davidson baut zwischen 1940 und 1945 60437 WLA-Modelle mit militärischen und zivilen Spezifikationen und 17 823 Versionen des WLS-Beiwagens, zu einem Preis von 380 Dollar. Insgesamt erhält Harley-Davidson 88 000 Bestellungen für 45 WLAs und WLCs, wobei Ersatzteilbestellungen den Bau von 30 000 weiteren Maschinen ermöglichen. Im Februar 1944 storniert das amerikanische Militär eine Bestellung von 11 331 Motorrädern. Am 6. Juni landen die Alliierten in der Normandie, und am 27. Juli werden 450 Motorräder, die ursprünglich für das Militär bestimmt waren, auf dem zivilen Markt angeboten, gefolgt von 600 weiteren Maschinen am 8. September. In diesem Jahr produziert Harley-Davidson 16 887 Motorräder, von denen 11 531 WLAs und 5356 WLCs sind.

WLD 45

1941–1946

1937 werden in der Baureihe W 45 (750 cm^3) Flathead-Seitenventilmotoren mit einem neuen Ölkreislauf und einer Knucklehead-ähnlichen Ästhetik neu konstruiert und ersetzen die R-45-Modelle. Es handelt sich um die dritte und erfolgreichste Generation von 750-cm^3-Modellen, die von 1929 bis 1931 als D und dann von 1932 bis 1936 als R bezeichnet werden. Zu dieser Familie gehören die folgenden Modelle: W Solo mit niedrigem Verdichtungsverhältnis, WS mit niedrigem Verdichtungsverhältnis und Beiwagen, WL Solo Sport mit hohem Verdichtungsverhältnis, WLD Special Sport Solo mit extra hohem Verdichtungsverhältnis und WLDR Competition Special.

Der Tank ist in einen linken Teil für Benzin und einen rechten für Öl unterteilt, das auf dem Tank angebrachte Armaturenbrett ist identisch mit dem der Big Twin. 1938 stattet Harley-Davidson seine W 45 mit einem Viergang-Getriebe aus, verbessert das

Flathead WL – WLD (1937–1951)

TECHNISCHE DATEN

MOTOR	
Typ:	45-Grad-V-Twin-Viertakter, luftgekühlt
Triebwerk:	Seitenventile
Hubraum:	747 cm^3
Bohrung x Hub:	69,8 x 96,8 mm
Verdichtung:	6:1
Leistung:	24 PS
Gemischbildung:	Linkert-Vergaser (ø 32 mm)
Zündung:	6V-Batterie und Spule

KRAFTÜBERTRAGUNG	
Gänge:	Dreigang
Primärantrieb:	Duplex-Kette
Sekundärantrieb:	Kette

FAHRWERK	
Rahmen:	Einrohrrahmen
Aufhängung vorne:	Springer-Gabel
Aufhängung hinten:	keine
Bereifung:	4.00 x 18
Vorderradbremse:	Trommelbremse
Hinterradbremse:	Trommelbremse

ABMESSUNGEN UND GEWICHT	
Radstand:	1460 mm
Tankinhalt:	13 l
Motorölfüllmenge:	13 l
Trockengewicht:	180 kg

Fahrwerk und setzt auf ein Design, das viele Elemente der Big Twin aufnimmt, wie den abgerundeten Kraftstofftank und das tropfenförmige Armaturenbrett. Im Jahr 1940 erhalten die WLD- und WLDR-Modelle der W 45 Zylinderköpfe aus Aluminium. Doch obwohl mindestens drei Strafverfolgungsbehörden mit Harley-Davidsons ausgestattet wurden, ist es nun die US-Armee, die sich für diese Motorräder interessiert.

In einem Rennen gewinnt Babe Tancredi das 200-Mile Expert Race Class C auf einer WLDR 45. 1941 produziert Harley-Davidson die WR Racing, ein echtes Rennmotorrad, abgeleitet von der WLDR 45. Während des Krieges wird diese nicht mehr an Zivilisten verkauft und das Militär übernimmt alle produzierten Exemplare. 1947 bis 1951 ist das WL-Modell in einer modernisierten Version auf dem zivilen Markt erhältlich und dank seiner Langlebigkeit eines der meistproduzierten Motorräder der Welt.

EL 61

1941–1946

Die neuen 1936er-Modelle Special Sport Solo E und EL stellen den ersten Harley-Davidson 1000-cm^3-OHV-V-Twin-Motor vor. Er wird wegen des knöchelförmigen Designs der Zylinderkopfdeckel unterhalb des Tanks als »Knucklehead« bezeichnet. Die Ventilsteuerung erfolgt durch vier einzelne Nocken, die über Stößelstangen und Kipphebel auf einer zentralen Nockenwelle montiert sind. Dieser Motor ist in einem neuen, speziell für ihn entwickelten Doppelschleifen-Rahmen untergebracht, mit einer verstärkten Springer-Gabel.

Die EL-Modelle aus dem Jahr 1940 erhalten einen größeren Linkert-Vergaser und vergrößerte Kopfeinlasskanäle zur Leistungssteigerung. Sie unterscheiden sich von den früheren Modellen durch neue Gehäuserippen, einen innovativen runden Luftfilter und Trittbretter mit D-förmig abgerundeten Kanten, die die lange verwendeten rechteckigen ersetzen. Das Modell FL aus dem Jahr 1941 hat einen Knucklehead-Motor mit einem Hubraum von 1200 cm^3, mit einer Leistung von 48 PS bei 5000 U/min. Der Zweite Weltkrieg verlang-

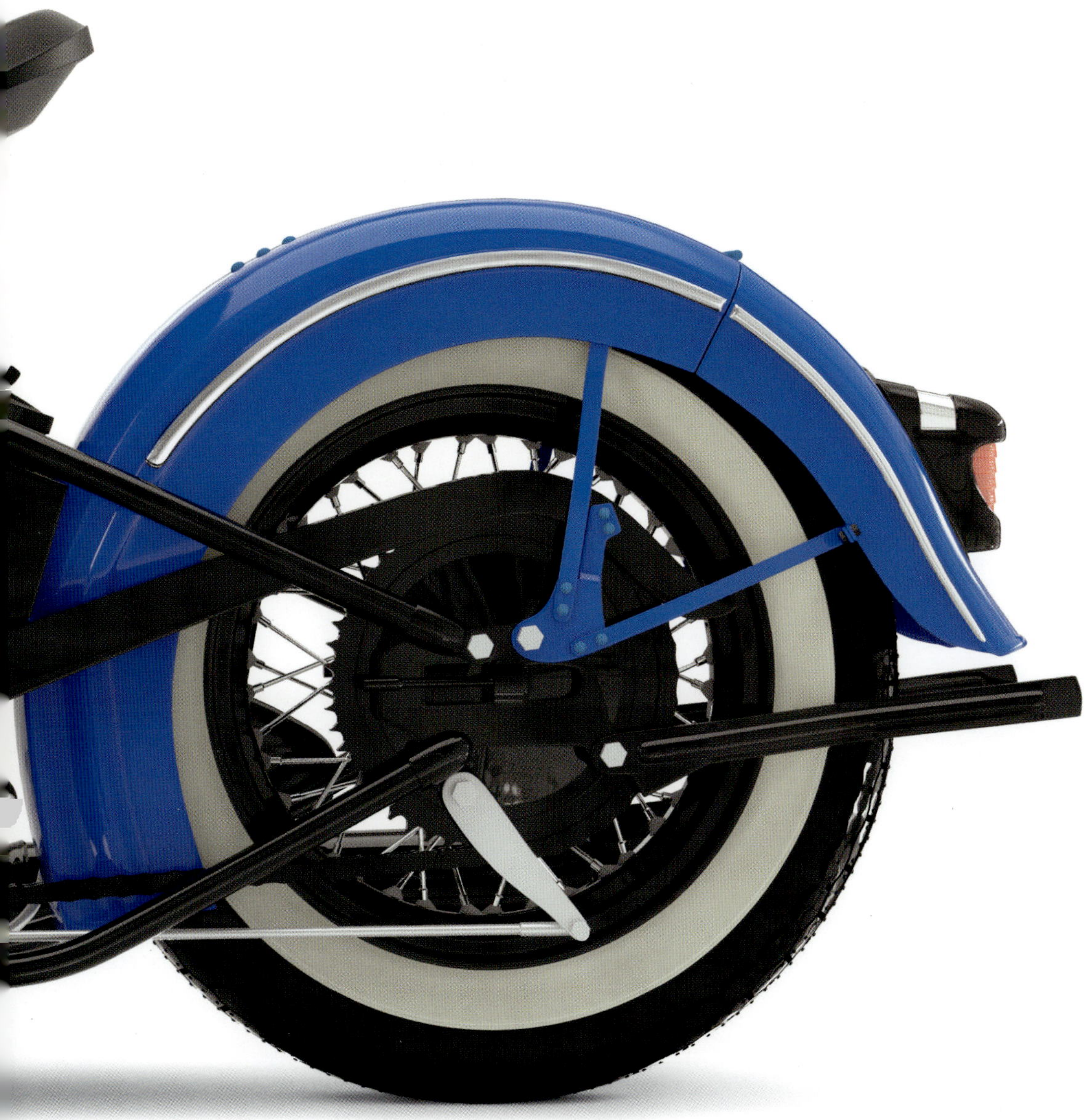

Knucklehead 61 E und EL (1936)

TECHNISCHE DATEN

MOTOR	
Typ:	45-Grad-V-Twin-Viertakter, luftgekühlt
Triebwerk:	Überkopfventile
Hubraum:	988 cm^3
Bohrung x Hub:	88,9 x 84,1 mm
Verdichtung:	E = 6,5:1; EL = 7:1
Leistung:	E = 37 PS, EL = 40 PS
Gemischbildung:	Linkert-Vergaser (ø 32 mm)
Zündung:	6V-Batterie und Spule

KRAFTÜBERTRAGUNG	
Gänge:	Viergang
Primärantrieb:	Duplex-Kette
Sekundärantrieb:	Kette

FAHRWERK	
Rahmen:	Doppelschleifen-Stahlrohr
Aufhängung vorne:	Springer-Gabel
Aufhängung hinten:	keine
Bereifung:	4.50 x 18
Vorderradbremse:	Trommelbremse
Hinterradbremse:	Trommelbremse

ABMESSUNGEN UND GEWICHT	
Radstand:	1511 mm
Tankinhalt:	14 l
Motorölfüllmenge:	3,8 l
Trockengewicht:	256 kg

MODELLE UND VARIATIONEN	
E:	Solo, mittleres Verdichtungsverhältnis
EL:	Special Sport Solo, hohes Verdichtungsverhältnis
ES:	mittleres Verdichtungsverhältnis, Kraftübertragung angepasst an den Beiwagen
F-Serien:	1200 cm^3

samte jedoch die Produktion und Entwicklung der Knuckleheads bis 1946. So sinkt 1944 die Produktion der EL-Modelle auf 116, die der ES-Modelle für Beiwagen auf 180, die der FL-Modelle auf 172 und die der FS-Modelle für Beiwagen auf 67 Exemplare.

Das letzte Produktionsjahr für den Knucklehead-Motor ist 1947. Zu diesem Zeitpunkt kommt er noch in den Modellen F Sport Solo mit 1200 cm^3 und FL Special Sport (1000 cm^3) sowie EL Sport Solo zum Einsatz. Die Produktion der 1947er-Harley-Davidson-Big-Twins mit OHV steigt auf 4117 EL-Modelle, 237 ES-Modelle für Beiwagen, 6893 FL-Modelle und 401 FS-Modelle für Beiwagen.

FL 74

1948

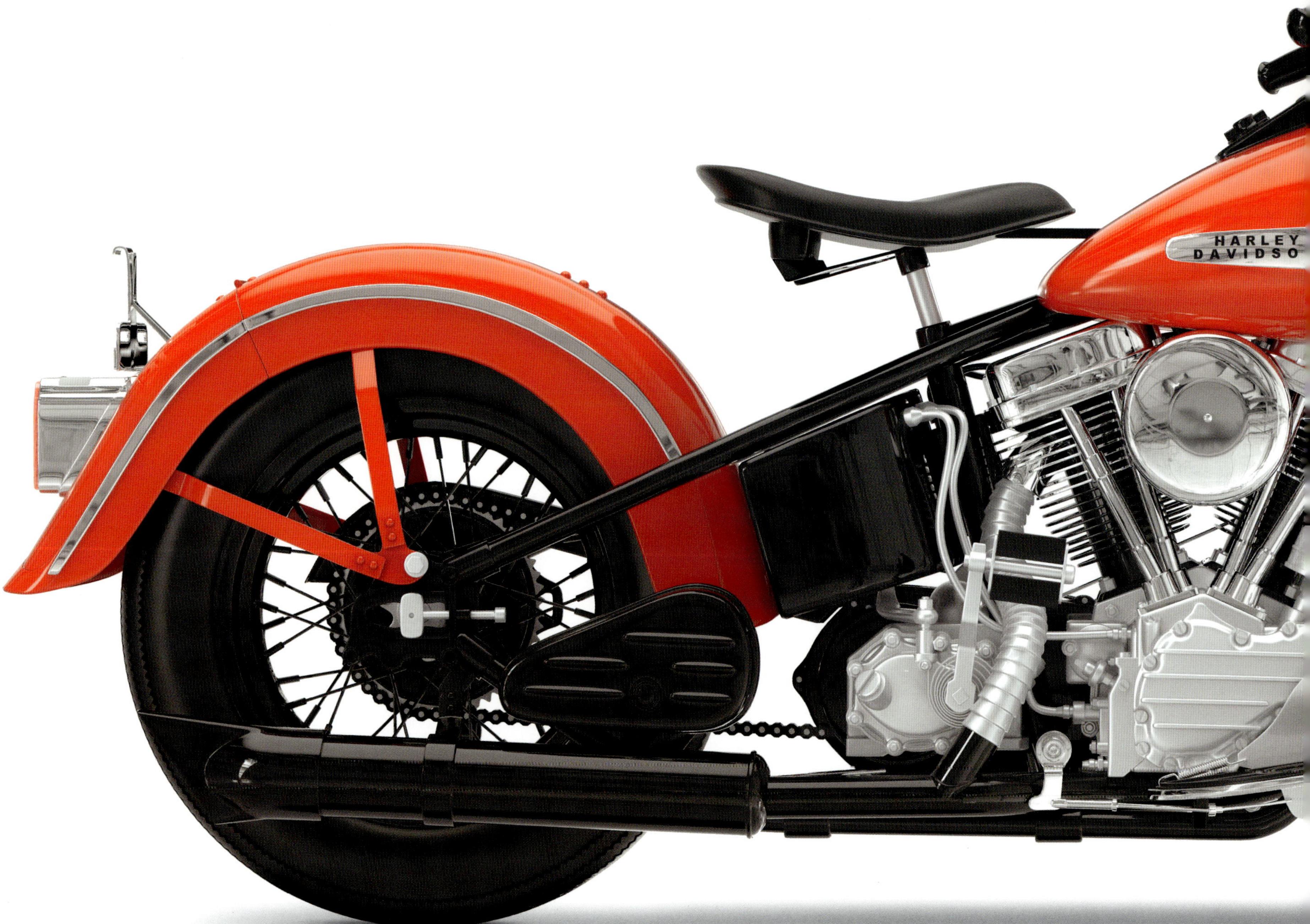

Wie andere Unternehmen auch, erneuert Harley-Davidson seine Produktion nach dem Zweiten Weltkrieg, da die technische Entwicklung enorme Fortschritte gemacht hat. So ersetzt 1948 der Panhead-Motor den Knucklehead bei der Ausstattung der 1000-cm^3-Modelle E Sport Solo mit mittlerem Verdichtungsverhältnis, der EL Special Sport Solo mit hohem Verdichtungsverhältnis, der ES-Sidecar-Twin mit mittlerem Verdichtungsverhältnis, der 1200-cm^3-Modelle der F Sport Solo mit mittlerem Verdichtungsverhältnis, der FL Special Sport Solo mit hohem Verdichtungsverhältnis und der FS-Sidecar-Twin mit mittlerem Verdichtungsverhältnis. Tatsächlich bewahrt dieser Panhead die meisten wesentlichen Merkmale des unteren Knucklehead-Basismotors und eine ähnliche Technologie beim oberen Motor, jedoch mit überarbeiteten und verbesserten mechanischen Elementen wie Nockenwelle, Hydrostößel und Ventilsitzen sowie einem eingebauten Schmierölkreislauf

Panhead FL 74 (1948)

TECHNISCHE DATEN

MOTOR	
Typ:	45-Grad-V-Twin-Viertakter, luftgekühlt
Triebwerk:	Überkopfventile
Hubraum:	1206 cm^3
Bohrung x Hub:	87,3 x 100,8 mm
Verdichtung:	7:1
Leistung:	50 PS
Gemischbildung:	Linkert-Vergaser (ø 38 mm)
Zündung:	6V-Batterie und Spule

KRAFTÜBERTRAGUNG	
Gänge:	Viergang
Primärantrieb:	Duplex-Kette
Sekundärantrieb:	Kette

FAHRWERK	
Rahmen:	Doppelschleifen-Stahlrohr
Aufhängung vorne:	Springer-Gabel
Aufhängung hinten:	keine
Bereifung:	5.00 x 16
Vorderradbremse:	Trommelbremse
Hinterradbremse:	Trommelbremse

ABMESSUNGEN UND GEWICHT	
Radstand:	1511 mm
Tankinhalt:	14 l
Motorölfüllmenge:	3,8 l
Trockengewicht:	256 kg

MODELLE UND VARIATIONEN	
F:	Sport Solo, mittleres Verdichtungsverhältnis
FL:	Special Sport Solo, hohes Verdichtungsverhältnis
FS:	mittleres Verdichtungsverhältnis, Kraftübertragung angepasst an den Beiwagen
E-Serien:	1000 cm^3

und einer leistungsstärkeren Ölpumpe. Dieser neue »Panhead«-Motor hat Aluminium-Zylinderköpfe, hydraulische Ventilstößel, die in einem Ölnebel arbeiten, und die pfannenförmigen Chromabdeckungen, denen er seinen Spitznamen verdankt. Während dies das erste Jahr für den neuen Motor ist, ist es das letzte für die Springer-Vorderradaufhängung der Big-Twin-Solo-Modelle, die bis 1949 nur noch bei den Beiwagenmodellen verwendet wird. Harley-Davidson baut 1948 4159 Exemplare mit 1000 cm^3 und 8405 mit 1200 cm^3, die aufgrund ihres innovativen Motors und modernen Stils sofort Erfolg haben.

FL 74 HYDRA-GLIDE

1949

Die Modelle mit Panhead-Motor erfahren ab ihrem zweiten Produktionsjahr eine große Veränderung, da sie den Springer-Gabeltyp zugunsten einer neuen Art der Vorderradfederung aufgeben: eine moderne hydraulische Teleskopgabel, die Komfort und Sicherheit verbessert.

Es wird neun Jahre dauern, bis der starre Rahmen ohne Hinterradfederung ersetzt wird und Harley-Davidson Stoßdämpfer am Hinterrad einsetzt – aber diese neue Gabel sowie der Panhead-Stil, die erhältliche Ausstattung und das Zubehör machen dieses Motorrad zu einer Maschine, die den ästhetischen Ansprüchen der damaligen Zeit und vor allem den Erwartungen der Benutzer perfekt entspricht. Die Motorräder aus dem Jahr 1949 mit dieser Gabel, die einen Federweg von 17,8 cm für die Dämpfung

Panhead FL 74 Hydra-Glide (1949–1957)

TECHNISCHE DATEN

MOTOR	
Typ:	45-Grad-V-Twin-Viertakter, luftgekühlt
Triebwerk:	Überkopfventile
Hubraum:	1206 cm^3
Bohrung x Hub:	100,8 x 87,3 mm
Verdichtung:	7:1
Leistung:	55 PS (52 PS)
Gemischbildung:	Linkert-Vergaser (ø 38 mm)
Zündung:	6V-Batterie und Spule

KRAFTÜBERTRAGUNG	
Gänge:	Viergang
Primärantrieb:	Duplex-Kette
Sekundärantrieb:	Kette

FAHRWERK	
Rahmen:	Doppelschleifen-Stahlrohr
Aufhängung vorne:	Telegabel
Aufhängung hinten:	keine
Bereifung:	5.00 x 16
Vorderradbremse:	Trommelbremse
Hinterradbremse:	Trommelbremse

ABMESSUNGEN UND GEWICHT	
Radstand:	1511 mm
Tankinhalt:	14 l
Motorölfüllmenge:	3,8 l
Trockengewicht:	268 kg

MODELLE UND VARIATIONEN	
F:	Sport Solo, mittleres Verdichtungsverhältnis
FL:	Special Sport Solo, hohes Verdichtungsverhältnis
FS:	mittleres Verdichtungsverhältnis, Kraftübertragung angepassst an den Beiwagen
FLH:	Super Sport Solo
E-Serien:	1000 cm^3
ELF-, FLF-, FLEF-, FLHF-Modelle:	Fußgangschaltung

durch die Federn, das Öl und die beiden Gleitrohre in ihren Kanälen nutzt, tragen den Namen Hydra-Glide, und nur im ersten Jahr werden die Gabelbeine schwarz lackiert. 1950 erweitert Harley-Davidson die Einlasskanäle des Panhead-Motors auf 1200 cm^3 und erzielt damit zehn Prozent mehr Leistung. 1951 werden die Hydrostößel in das Kurbelgehäuse verlagert, wodurch die Zuverlässigkeit verbessert wird. 1952 verfügen ELF-Modelle mit 1000 cm^3 und FLF-Modelle mit 1212 cm^3 über eine Fußgangschaltung (F steht für Fuß). 1952 ist das letzte Jahr, in dem 1000 cm^3 produziert werden. 1955 werden 1212-cm^3-FLH- und FLHF-Versionen mit hohem Verdichtungsverhältnis (8:1) hergestellt, ausgestattet mit neuen Nockenwellen, die etwa acht Prozent mehr Leistung und etwa 55 PS erzielen.

MODELL K 45

1952

Das 1952er-K-Modell ist die erste wirklich neue Harley-Davidson seit den 1936er-E- und EL-Knucklehead-Modellen. Sie ist attraktiv, athletisch und leistungsstark. Mit einem 750-cm^3-Motor mit Seitenventilen (der einzige Aspekt, den sie mit den alten W-Modellen gemeinsam hat), etwa 30 PS und einem in den Motor integrierten Viergang-Getriebe, einer Fußschaltung und einem Kupplungshebel am Lenker, ist die K 45 das Harley-Davidson-Motorrad mit der fortschrittlichsten Technologie der damaligen Zeit. Die Aluminiumköpfe des Motors sind abnehmbar und die Kolben aus einer Aluminiumlegierung gefertigt. Diese Maschine ist die erste Harley-Davidson, die mit einer hydraulischen Hinterradschwinge ausgestattet ist.

Das Modell K soll es Harley-Davidson ermöglichen, mit anderen Sportmotorrädern, insbesondere britischen, zu konkurrieren, aber die ersten Vergleiche sind enttäuschend. 1954 ersetzt Harley-Davidson das Modell K daher durch die 55-Kubikzoll-KH. Das Verdichtungsverhältnis wird von 6:1 auf 6,8:1 erhöht. Die Leistung wächst auf etwa 38 PS an, aber es geht noch mehr, und so

Flathead K 45 (1952)

TECHNISCHE DATEN

MOTOR	
Typ:	45-Grad-V-Twin-Viertakter, luftgekühlt
Triebwerk:	Seitenventile
Hubraum:	741,8 cm^3
Bohrung x Hub:	69,8 x 96,8 mm
Verdichtung:	6:1
Leistung:	30 PS
Gemischbildung:	Linkert-Vergaser (ø 38 mm)
Zündung:	6V-Batterie und Spule

KRAFTÜBERTRAGUNG	
Gänge:	Viergang, in das Kurbelgehäuse integriert
Primärantrieb:	Triplex-Kette
Sekundärantrieb:	Kette

FAHRWERK	
Rahmen:	Doppelschleifen-Stahlrohr
Aufhängung vorne:	Telegabel
Aufhängung hinten:	Schwinge und zwei Stoßdämpfer
Bereifung:	3.25 x 19
Vorderradbremse:	Trommelbremse
Hinterradbremse:	Trommelbremse

ABMESSUNGEN UND GEWICHT	
Radstand:	1435 mm
Tankinhalt:	17 l
Motorölfüllmenge:	2,8 l
Trockengewicht:	181 kg

MODELLE UND VARIATIONEN	
1954–1955:	wird zur KH Sport Solo Roadster (883 cm^3)
1956:	KHK Sport, für Wettkämpfe mit besonderen Nocken ausgestattet

bietet Harley-Davidson 1956 das KHK-Modell als Rennvariante an. Im Januar 1956 kauft Elvis Presley eine KHK, mit der er auf dem Cover der Mai-Ausgabe 1956 des Harley-Davidson-Magazins *The Enthusiast* posiert. Doch trotz aller technischen Bemühungen und Werbekampagnen haben die K-Modelle nicht den erwarteten Erfolg und werden 1957 durch eine neue Harley-Davidson für sportliche Zwecke ersetzt. Nur die Rennversionen – KR, KK und andere KRTT Track Racers – werden noch viele Jahre lang verkauft und gewinnen bis Ende der 1960er-Jahre weiterhin Wettbewerbe.

KH
ELVIS PRESLEY

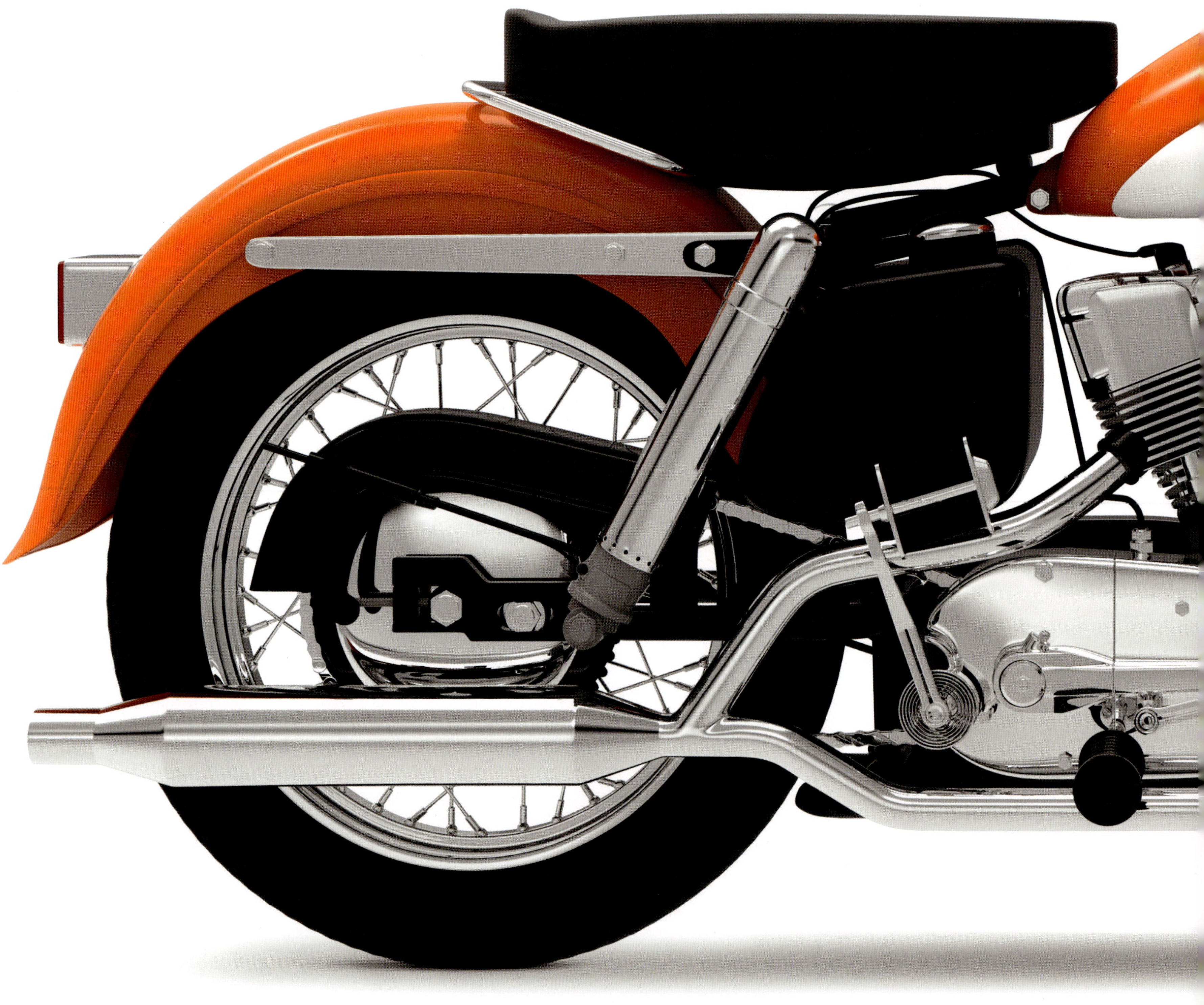

1954–1956

1954 ersetzt Harley-Davidson sein 45-Kubikzoll-K-Modell durch die 55-Kubikzoll-KH, um den Erwartungen einer jungen Kundschaft zu entsprechen, die nach einem leistungsstärkeren Motorrad verlangt. Verglichen mit der K reicht die Leistung der KH laut Hersteller von 30 bis 38 PS, mit einer Spitzengeschwindigkeit von fast 160 km/h und einem größeren Drehmoment, sodass die Maschine 400 Meter in 14,75 Sekunden zurücklegen kann, 2 Sekunden schneller als das K-Modell.

Die Modelle von 1956 entwickeln sich erneut weiter. Es werden einige Modifikationen vorgenommen, darunter eine verstärkte Ölpumpe, Nadellager im Heckbereich, verkürzte Stoßdämpfer, um die Sitzhöhe zu senken, die Harley-Davidson-Big-Twin-Hinterachse und verschiedene andere kleine Details. Doch erst nach einem besonderen popkulturellen Ereignis, an dem das KH-Modell beteiligt war, erlangte es schließlich außergewöhnlichen Ruhm. Am 14. Januar 1956, nachdem Elvis Presley seinen 21. Geburtstag gefeiert hatte, kaufte er eine 883-cm^3-KH und ersetzte damit seine 165-cm^3-Harley-Davidson ST. Noch zu Beginn seiner Karriere erwarb Elvis seine KH auf Kredit, aber genau in dieser Zeit wuchs sein Ruhm in den USA und international schlagartig.

Der Song »Heartbreak Hotel«, der am 27. Januar von RCA veröffentlicht wurde, katapultierte Elvis auf Platz 1 in den amerikanischen Charts und wurde in verschiedenen Fernsehshows dargeboten. Kurz darauf feierte der Star viele weitere Erfolge und seine Popularität erlebte regelrechte Höhenflüge. Der von den Medien gefeierte Elvis erschien im Mai 1956 auf der Titelseite des Magazins *The Enthusiast* – lässig auf einer Harley-Davidson sitzend, seiner KH. Das Motorrad war mit einem zweisitzigen Sattel und einem Windschild ausgestattet, der Star trug Lederjacke und Lederhelm, wie es bei den Bikern jener Epoche üblich war – und nun auch von Rock-Rebellen gehandhabt wurde.

Flathead KH 55 (1956)

TECHNISCHE DATEN

MOTOR	
Typ:	45-Grad-V-Twin-Viertakter, luftgekühlt
Triebwerk:	Seitenventile
Hubraum:	883 cm^3
Bohrung x Hub:	69,8 x 115,8 mm
Verdichtung:	6,8: 1
Leistung:	38 PS
Gemischbildung:	Linkert-Vergaser (ø 38 mm)
Zündung:	6V-Batterie und Spule

KRAFTÜBERTRAGUNG	
Gänge:	Viergang, in das Kurbelgehäuse integriert
Primärantrieb:	Triplex-Kette
Sekundärantrieb:	Kette

FAHRWERK	
Rahmen:	Doppelschleifen-Stahlrohr
Aufhängung vorne:	Telegabel
Aufhängung hinten:	Schwinge und zwei Stoßdämpfer
Bereifung:	3.5 x 18
Vorderradbremse:	Trommelbremse
Hinterradbremse:	Trommelbremse

ABMESSUNGEN UND GEWICHT	
Radstand:	1430 mm
Tankinhalt:	17 l
Motorölfüllmenge:	2,8 l
Trockengewicht:	181 kg

MODELLE UND VARIATIONEN

1956: Die KHK Sport ist für Wettkämpfe mit speziellen Nocken und Zylinderköpfen ausgestattet.

XL SPORTSTER

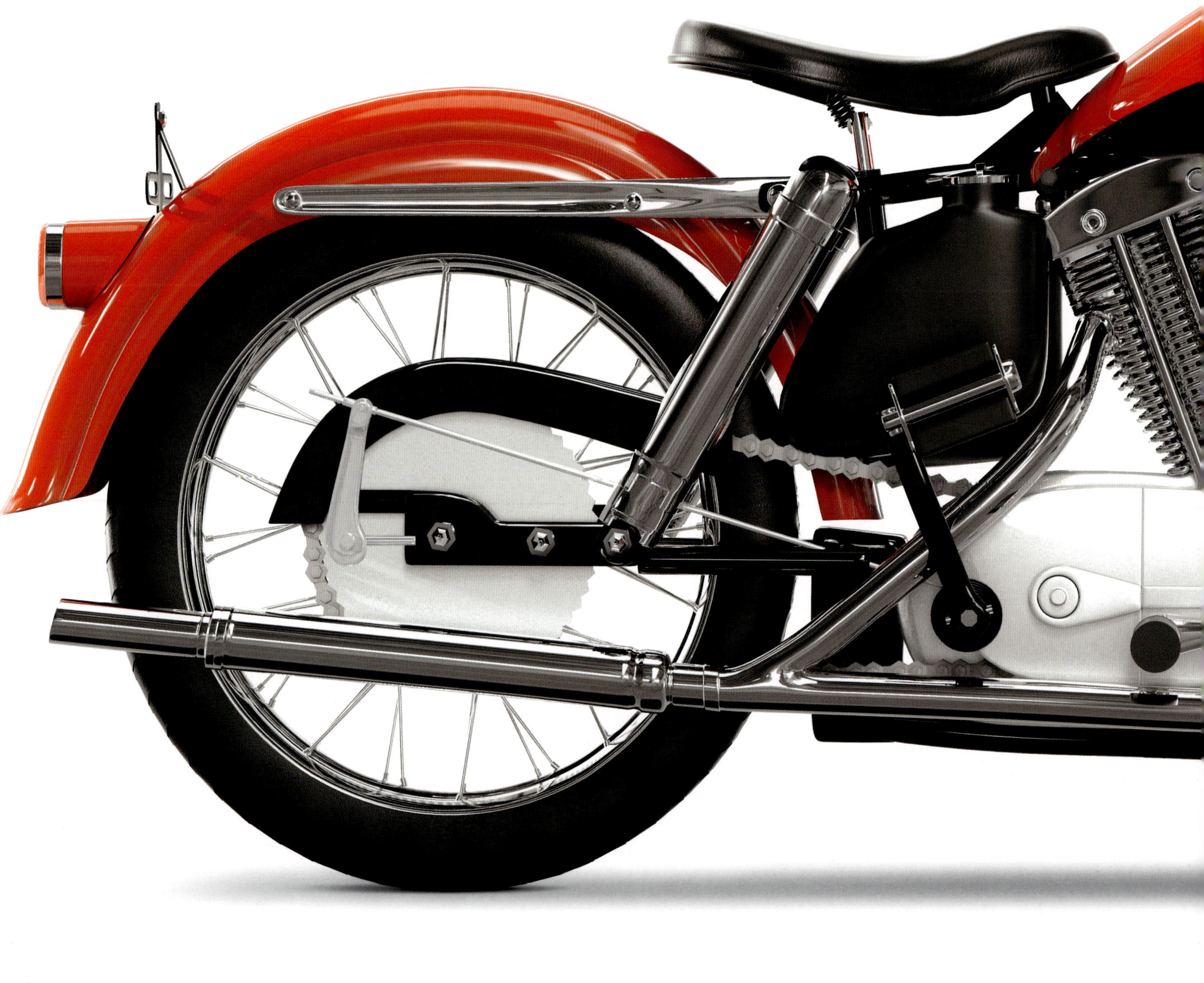

1957

Die neue XL Sportster, die 1957 eingeführt wird, ersetzt die K-Modelle mit Flathead-Motor und verleiht den Harley-Davidson-Sportmodellen einen Hauch von Modernität. Nichtsdestotrotz sind Rahmen und Getriebeeinheit dieser Maschine Weiterentwicklungen der KH-Modelle, da sich Harley-Davidson auf den oberen Motor konzentrierte. Die neue XL weiht den ersten Überkopfventilmotor ein, mit Zylindern aus Gusseisen, integriertem Getriebegehäuse und Viergang-Fußsteuerung. Wie die KH verfügt die XL Sportster über eine Teleskopgabel am Vorder- und eine Schwingfederung am Hinterrad. Mit ihrer schweren Linie und der der Hydra-Glide entlehnten Ausstattung überzeugt diese erste Sportster, der es aufgrund ihrer unterdimensionierten Ventile, die Kraftstofffluss und Ausstoß einschränken, und aufgrund des niedrigen Verdichtungsverhältnisses an Leistung mangelt, die Liebhaber schlanker

XL 883 Sportster 55 (1957–1959)

TECHNISCHE DATEN

MOTOR	
Typ:	45-Grad-V-Twin-Viertakter, luftgekühlt
Triebwerk:	Stößelstangen und Kipphebel, betrieben von vier Nockenwellen, zwei Ventile pro Zylinder
Hubraum:	883 cm^3
Bohrung x Hub:	76,2 x 96,8 mm
Verdichtung:	7,5:1
Leistung:	40 PS bei 5500 U/min
Gemischbildung:	Linkert-Vergaser (ø 38 mm)
Zündung:	6 V-Batterie und Spule

KRAFTÜBERTRAGUNG	
Gänge:	Viergang
Primärantrieb:	Triplex-Kette
Sekundärantrieb:	Kette

FAHRWERK	
Rahmen:	Doppelschleifen-Stahlrohr
Aufhängung vorne:	Telegabel
Aufhängung hinten:	Schwinge und zwei Stoßdämpfer
Bereifung vorne:	3.50 x 18
Bereifung hinten:	3.50 x 18
Vorderradbremse:	Trommelbremse
Hinterradbremse:	Trommelbremse

ABMESSUNGEN UND GEWICHT	
Radstand:	1448 mm
Tankinhalt:	16,7 l
Trockengewicht:	225 kg

Sportmotorräder nicht wirklich. Bereits 1958 bringt Harley-Davidson Hochleistungsversionen auf den Markt. Bei der XLH wird das Verdichtungsverhältnis auf 9:1 erhöht und vereint die Ästhetik der XL, der XLC (nur 1958) und der XLCH (die ausschließlich für den Wettbewerb bestimmt ist, bevor die XLCH ab 1959 für die Straße zugelassen wird). Sie nutzt den »Peanuts«-Kraftstofftank, der bei den amerikanischen Modellen der kleinen Hubraum-Motoren 1948 bis 1966 verwendet wurde, sowie die zwei versetzten Auspuffrohre – alles unverkennbare Merkmale der Sportster-Linie. 1959 erhalten XLH und XLCH größere Ein- und Auslassventile. Die XLH ist eine Straßenversion der Sportster, während die XLCH eine eher geländegängige Version ist. Diese frühen Modelle bringen eine neue Reihe von Harley-Davidsons hervor, die sich in den nächsten Jahren um neue Generationen von Sportster-Motoren herum entwickeln wird.

FLH DUO GLIDE

1958

Das neue Motorrad, das 1958 von Harley-Davidson produziert wird, heißt Duo Glide. Angetrieben wird es von einem Panhead-Motor, der in einem neuartigen Fahrwerk untergebracht ist, ausgestattet mit einer Hinterradaufhängung mit Schwinge und in Kombination mit zwei hydraulischen Stoßdämpfern. Es wird Duo Glide genannt, weil es bereits über eine Vorderradaufhängung mit hydraulischer Teleskopgabel verfügt, ergänzt um ein zweites hydraulisches Federungssystem für das Hinterrad. Die Hinterradaufhängung ist jedoch nicht die einzige Neuerung, die in der Panhead-Maschine angeboten wird. Sie profitiert von mechanischen Verbesserungen und erhält eine hydraulische Hinterradbremse. Der Fahrkomfort wird erheblich verbessert und die Maschine überzeugt als modernes Motorrad. Als Harley-Davidson 1965 den elektrischen Anlasser und ein 12-Volt-Bordnetz einführt, kommen diese als Innovationen

Panhead 74 FLH Duo Glide (1958–1964)

TECHNISCHE DATEN

MOTOR	
Typ:	45-Grad-V-Twin-Viertakter, luftgekühlt
Triebwerk:	Überkopfventile
Hubraum:	1206 cm³
Bohrung x Hub:	100,8 x 87,3 mm
Verdichtung:	8:1
Leistung:	55 PS
Gemischbildung:	Linkert-Vergaser (ø 38 mm)
Zündung:	6V-Batterie und Spule

KRAFTÜBERTRAGUNG	
Gänge:	Viergang
Primärantrieb:	Duplex-Kette
Sekundärantrieb:	Kette

FAHRWERK	
Rahmen:	Doppelschleifen-Stahlrohr
Aufhängung vorne:	Telegabel
Aufhängung hinten:	Schwinge und zwei Stoßdämpfer
Bereifung:	5.00 x 16
Vorderradbremse:	Trommelbremse
Hinterradbremse:	Trommelbremse

ABMESSUNGEN UND GEWICHT	
Radstand:	1524 mm
Tankinhalt:	14 l
Motorölfüllmenge:	3,8 l
Trockengewicht:	294 kg

MODELLE UND VARIATIONEN	
FL:	Sport Solo
FLH:	Super Sport Solo, hohes Verdichtungsverhältnis
FLF-, FLHF-Modelle:	Fußgangschaltung

bei der Panhead Duo Glide zum Einsatz, welche zur ersten Electra Glide wird. Tatsächlich hat Harley-Davidson gerade erst die Anforderungen eines von der Konkurrenz beeinflussten Marktes erfüllt, der bereits eine Reihe von Motorrädern mit Elektrostarter anbietet. Doch der wackere Panhead-Motor beginnt zu veralten und muss eine höhere Leistung erbringen, um das Gewicht des Elektrostartsystems mit einer größeren Batterie (etwa 38 kg mehr) auszugleichen. Die von Harley-Davidson-Fahrern geforderte Leistung steigt aufgrund der konkurrierenden Motorräder – sowohl britischer als auch japanischer Marken. Und so ist es bald an der Zeit, den Austausch des Panhead-Motors (dessen Vibrationen mit jedem gewonnenen PS zunehmen) durch einen neuen Motor in Erwägung zu ziehen, der den Erwartungen moderner Motorradfahrer besser gerecht wird.

SERVI-CAR GA

1960

Das erste Servi-Car erscheint 1932. Es handelt sich dabei um ein dreirädriges Dienstleistungsfahrzeug, das von einem Flathead-Motor der Serie D mit 750 cm^3 und niedrigem Verdichtungsverhältnis angetrieben wird. Es besitzt ein Dreigang-Getriebe und erhält 1933 einen Rückwärtsgang. Die G-Version, mit Befestigungsvorrichtung für eine Schleppstange, hat einen Preis von 450 Dollar. Es gibt auch Versionen mit kleinem oder großem Kastenaufbau, ohne Befestigungsvorrichtung für die Schleppstange, oder mit einem Druckluftbehälter zur Reparatur von Reifenpannen. Im Jahr 1934 sind die G- und GDT-Modelle mit einer

ausklappbaren Schleppstange vorne ausgestattet, die es einem einzelnen Mechaniker ermöglicht, ein liegen gebliebenes Auto mit dem Servi-Car zu erreichen und/oder es zu bergen. Die Kunden erkennen schnell den Nutzwert des Servi-Car für Dienstleistungen wie Abholung, Zustellung und Autoreparatur, es leistet aber auch Polizisten gute Dienste bei der Straßenkontrolle. Die Polizei ist sofort an diesem neuen Fahrzeug interessiert, und die Dienststellen erwerben speziell ausgestattete Modelle. Für das 1947er-Servi-Car Modell G, das für 710 Dollar angeboten wird, kostet die Ausrüstung für die Polizei zusätzlich 75 Dollar und umfasst einen Motorschutz, eine durch den Hinterradantrieb zu aktivierende Sirene, einen Kilometerzähler, verchromte Stoßstangen und einen eingelassenen Kreidestock zur Markierung der Reifen falsch geparkter Autos. Obwohl der 750-cm^3-Flathead und das manuell betätigte Dreigang-Getriebe mit Rückwärtsgang bereits 1973, dem letzten Produktionsjahr des Servi-Car, veraltet erscheinen, wird es noch einige Jahre nach Produktionseinstellung seine offiziellen Aufgaben erfüllen.

Flathead Servi-Car GA (1941)

TECHNISCHE DATEN

MOTOR	
Typ:	45-Grad-V-Twin-Viertakter SV, luftgekühlt
Triebwerk:	Seitenventile
Hubraum:	746,6 cm^3
Bohrung x Hub:	69,8 x 96,8 mm
Verdichtung:	4,7:1
Leistung:	24 PS
Gemischbildung:	Linkert-Vergaser (ø 25,4 mm)
Zündung:	6V-Batterie und Spule

KRAFTÜBERTRAGUNG	
Gänge:	Dreigang, Rückwärtsgang
Primärantrieb:	Duplex-Kette
Sekundärantrieb:	Kette und Differenzial

FAHRWERK	
Rahmen:	Einrohrrahmen
Hinterachse:	1067 mm
Aufhängung vorne:	Springer-Gabel
Aufhängung hinten:	Spiralfedern und -klingen
Bereifung:	5.00 x 16
Vorderradbremse:	Trommelbremse
Hinterradbremse:	Trommelbremse und Blockierbremse

ABMESSUNGEN UND GEWICHT	
Radstand:	1460 mm
Tankinhalt:	13 l
Motorölfüllmenge:	3,3 l
Trockengewicht:	619 kg

MODELLE UND VARIATIONEN	
G:	Schleppstange
GA:	ohne Schleppstange
GD:	großer Laderaum
GDT:	großer Laderaum und Schleppstange
GE:	großer Laderaum und Drucklufttank

FLH ELECTRA GLIDE

1966

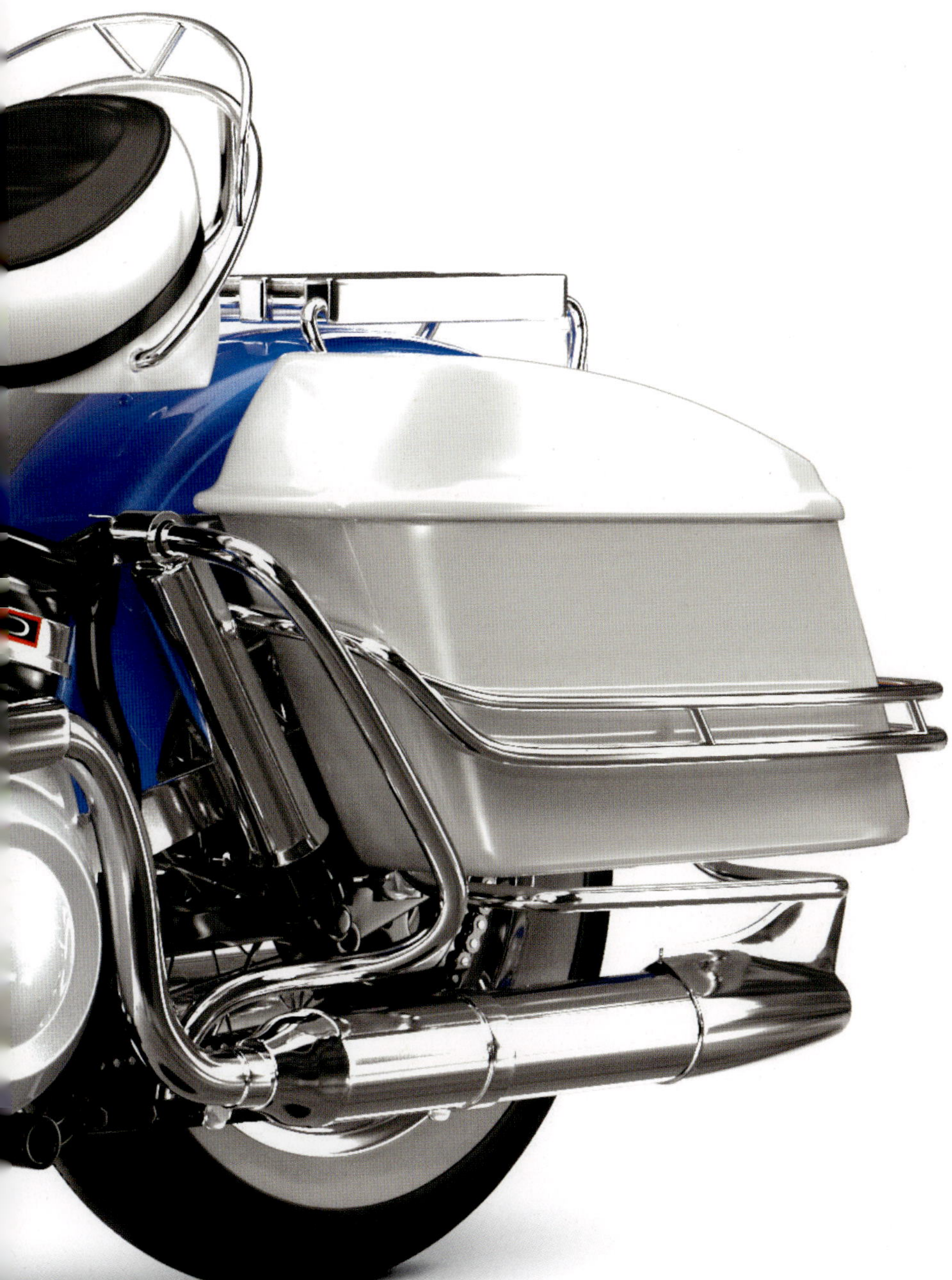

Shovelhead 74 FLH Electra Glide (1966–1969)

TECHNISCHE DATEN

MOTOR	
Typ:	45-Grad-V-Twin-Viertakter, luftgekühlt
Triebwerk:	Überkopfventile
Hubraum:	1206 cm^3
Bohrung x Hub:	87,3 x 100,8 mm
Verdichtung:	8:1 (FL = 7,2:1)
Leistung:	FL = 55 PS (60 PS)
Gemischbildung:	Linkert-Vergaser (ø 38 mm Anfang 1966, danach Tillotson-Vergaser mit ø 38 mm)
Zündung:	12V-Batterie und Spule

KRAFTÜBERTRAGUNG	
Gänge:	Viergang
Primärantrieb:	Duplex-Kette
Sekundärantrieb:	Kette

FAHRWERK	
Rahmen:	Doppelschleifen-Stahlrohr
Aufhängung vorne:	Telegabel
Aufhängung hinten:	Schwinge und zwei Stoßdämpfer
Bereifung:	5.00 x 16
Vorderradbremse:	Trommelbremse
Hinterradbremse:	hydraulisch

ABMESSUNGEN UND GEWICHT	
Radstand:	1524 mm
Tankinhalt:	19 l
Motorölfüllmenge:	3,8 l
Trockengewicht:	355 kg

MODELLE UND VARIATIONEN

Electra-Glide-Familie mit Shovelhead-Motoren:

FL-FLH: 74-Kubikzoll-Electra-Glide mit Magnetzündung, anschließend »Early Shovelhead« genannt, von 1966 bis 1969

FL-FLH-FLP-FLHS: 74-Kubikzoll-Electra-Glide mit Generator, von 1970 bis 1980

FLH-FLHC-FLHS: 80-Kubikzoll-Electra-Glide, von 1978 bis 1984

Ab 1966 weicht der Panhead-Motor seinem Nachfolger, dem Shovelhead, der in Electra-Glide-Modellen eingesetzt wird. Tatsächlich bestehen die frühen Shovelhead-Motoren von 1966 bis 1969 aus einem unteren Panhead-Motor, der wie die Sportster-Motoren mit Zylinderköpfen abgedeckt ist. Dieser Motor verhilft der Electra-Glide zu etwa fünf zusätzlichen PS, was eine bessere Beschleunigung ermöglicht und weniger Vibrationen auf das gesamte Motorrad und dessen Fahrer überträgt.

Mit seinem unteren, dem Panhead-Motor ähnelnden Motor, einem auf dem Nockenwellengehäuse sitzenden Timer und einem vor dem Kurbelgehäuse sitzenden Generator, wird dieser Motor rückblickend als »Early Shovel« bezeichnet. 1970 wird er als »Late Shovel« mit internem Generator hinter dem Primärantrieb umgebaut. Unter dem Spitznamen »King of the Highway« und mit einer

besonderen Ausstattung erhält die Electra Glide ihr Touring-Image aufgrund ihres großzügig bemessenen Sitzes, des Windschilds mit getönten Einheiten, der großen Fiberglas-Satteltaschen, des Gepäckträgers und der vielen Chromsorten. 1978 wird der Electra-Glide-Familie eine FLH-Version mit 1340 cm^3 hinzugefügt, aus der 1983 die FLHTC Classic Electra Glide hervorgeht. Aber der Shovelhead-Motor verschwindet 1985 aus dem Harley-Davidson-Sortiment, zugunsten eines neuen Evolution-Vollaluminium-Motors, mit dem 1984 die 80-Kubikzoll-FLHTC Classic Electra Glide ausgestattet wird. Die Classic Electra Glide, die im Laufe der Jahre neue Harley-Davidson-Antriebseinheiten erhält, wird in anspruchsvollere Versionen umgearbeitet, bleibt aber noch bis 2013 unter gleichem Namen im Katalog.

CAPTAIN AMERICA CHOPPER

1969

Chopper Panhead 74 (1969)

TECHNISCHE DATEN

MOTOR	
Typ:	45-Grad-V-Twin-Viertakter, luftgekühlt
Triebwerk:	Überkopfventile
Hubraum:	1206 cm^3
Bohrung x Hub:	87,3 x 100,8 mm
Verdichtung:	7:1
Leistung:	50 PS
Gemischbildung:	Linkert-Vergaser (ø 38 mm)
Zündung:	6V-Batterie und Spule

KRAFTÜBERTRAGUNG	
Gänge:	Viergang
Primärantrieb:	Duplex-Kette
Sekundärantrieb:	Kette

FAHRWERK	
Rahmen:	Doppelschleifen-Stahlrohr
Aufhängung vorne:	Telegabel, erweitert, etwa 53 cm
Aufhängung hinten:	keine
Vorderrad:	21
Hinterrad:	120 x 16
Vorderradbremse:	keine
Hinterradbremse:	Trommelbremse

ABMESSUNGEN UND GEWICHT	
Tankinhalt:	8,5 l
Motorölfüllmenge:	3,8 l

Die Motorräder aus dem berühmten Film *Easy Rider* sind nach wie vor legendär. Auch wenn sie ursprünglich keine Harley-Davidsons waren, sondern umgewandelte Chopper, inspirierten sie viele Nachbauten. Dies ist der Fall bei dem bekanntesten Modell, der Captain America von Peter Fonda, das hier als »Billy Bike« von Dennis Hopper vorgestellt wird. Das Fahrzeug gab Harley-Davidson bereits 1969 ein ideales Motorradimage für die Produktion von Choppern an die Hand, was sich auch schnell auf die Produktion auswirkte, mit der die Kundenerwartungen erfüllt wurden.

Insgesamt wurden vier ehemalige Hydra-Glide-Polizei-Motorradmodelle aus den Jahren 1949, 1950 und 1952 für 500 Dollar erworben, mit denen das Aussehen der beiden Motorradmodelle im Film erreicht wurde. Jeder Chopper wurde mit jeweils einer Kopie umgebaut, damit die Dreharbeiten im Falle eines Unfalls oder einer Panne fortgesetzt werden konnten. Ein Modell der Captain America wird beim Dreh der Schlussszene zerstört, die anderen drei Maschinen werden gestohlen – und wahrscheinlich in Einzelteilen verhökert – bevor ihr Wert nach dem Erfolg des Films erkannt wird.

Die Motorräder aus dem Film, die auf starren Rahmen und Panhead-Motoren basieren, wurden von zwei afroamerikanischen Chopper-Herstellern, Cliff Vaughs und Ben Hardy, entworfen und zusammengebaut, die dabei die Vorgaben von Peter Fonda berücksichtigten.

Mehrere Nachbauten der Captain America werden später in Museen wie dem Guggenheim Museum, dem Harley-Davidson Museum in Milwaukee und dem National Motorcycle Museum of Anamosa, Iowa, ausgestellt; und auf diversen Motorradausstellungen, die von Firmen und Privatpersonen veranstaltet werden. Das Anamosa-Modell, das am 18. Oktober 2014 bei einer Auktion für 1 350 000 Dollar an eine Privatperson versteigert wird, war das Originalmodell, das bei einem Brand zerstört und von Dan Haggerty, einem *Easy-Rider*-Schauspieler und Motorradenthusiasten, restauriert worden war. Die Echtheit dieses Motorrads wurde vor dem Verkauf von Haggerty und Fonda bestätigt, aber später gab ein texanischer Sammler namens Gordon Granger an, dass sein Exemplar ebenfalls von Haggerty als echt authentifiziert worden sei.

FX SUPER GLIDE

1971

In den späten 1960er-Jahren, als sich die amerikanische Gesellschaft wegen des Vietnamkriegs spaltet und Studenten gegen den Krieg demonstrieren, wird Woodstock zu einem Symbol der Hippie-Kultur, und der Film *Easy Rider* verkörpert eine alternative Lebensweise voller Freiheit. Das Unternehmen Harley-Davidson, von ernsthaften finanziellen Schwierigkeiten heimgesucht, wird im Januar 1969 von der AMF (American Machine & Foundry) übernommen. Die Chefs von Harley-Davidson, die bis dahin die Fahrer maßgefertigter Motorräder eher als »Outlaws« betrachtet haben, entdecken, dass die neue Generation von »Babyboomern« mehr an maßgefertigten Maschinen wie in den Filmen *Easy Rider, Rebellen in Lederjacken, CC Rider, Cycle Savages* usw. interessiert ist, als an den großen Harley-Davidson-Tourenrädern. 1971 stellt das Unternehmen sein erstes »Custombike« her, entworfen von Willie G. Davidson, dem Enkel von William A. Davidson. Aufgrund des begrenzten Budgets für die Entwicklung kombiniert Davidson Rahmen und Mechanik einer Big Twin mit der Front einer Sportster, um

die FX Super Glide von 1971 zu kreieren. Im ersten Produktionsjahr trägt ein Fiberglasrumpf den Sitz, als Heckfender fungierend und als »Boat Tail« bezeichnet. Um die Konturen zu glätten, hat das Motorrad nur einen Kickstarter, wodurch die Verwendung einer größeren Batterie vermieden wird. Der wenig beliebte Boat Tail ist ab 1972 nur noch als Option erhältlich, und der zweiteilige Kraftstofftank wird 1973 durch das kleine Modell »Teardrop« ersetzt. 1974 kommt die FXE mit E-Starter hinzu. Seitdem feiert die Super Glide Erfolge und markiert die Geburtsstunde der Harley-Davidson-»Custombikes«.

Shovelhead FX und FXE Super Glide (1971–1980)

TECHNISCHE DATEN

MOTOR	
Typ:	45-Grad-V-Twin-Viertakter, luftgekühlt
Triebwerk:	Überkopfventile
Hubraum:	1206 cm^3
Bohrung x Hub:	87,3 x 100,8 mm
Verdichtung:	8:1
Leistung:	58 PS
Gemischbildung:	Bendix-Vergaser (ø 38 mm) (Keihin-Vergaser, ø 38 mm, ab 1976)
Zündung:	12V-Batterie und Spule (elektronisch ab 1978)

KRAFTÜBERTRAGUNG	
Gänge:	Viergang
Primärantrieb:	Duplex-Kette
Sekundärantrieb:	Kette

FAHRWERK	
Rahmen:	Doppelschleifen-Stahlrohr
Aufhängung vorne:	Telegabel
Aufhängung hinten:	Schwinge und zwei Stoßdämpfer
Bereifung vorne:	3.50 x 19
Bereifung hinten:	5.00 x 16
Vorderradbremse:	Trommelbremse (Scheibenbremse ab 1973 und Doppelscheibenbremse ab 1979)
Hinterradbremse:	Trommelbremse (Scheibenbremse ab 1973)

ABMESSUNGEN UND GEWICHT	
Radstand:	1575 mm
Tankinhalt:	13 l (9,85 l ab 1973)
Motorölfüllmenge:	3,8 l
Trockengewicht:	254 kg

MODELLE UND VARIATIONEN	
FX 1200:	Super Glide ohne elektrischen Starter von 1971 bis 1978
FXE 1200:	Super Glide mit elektrischem Starter von 1974 bis 1980
FXE 1340 Shovelhead:	1981 bis 1983

XR 750

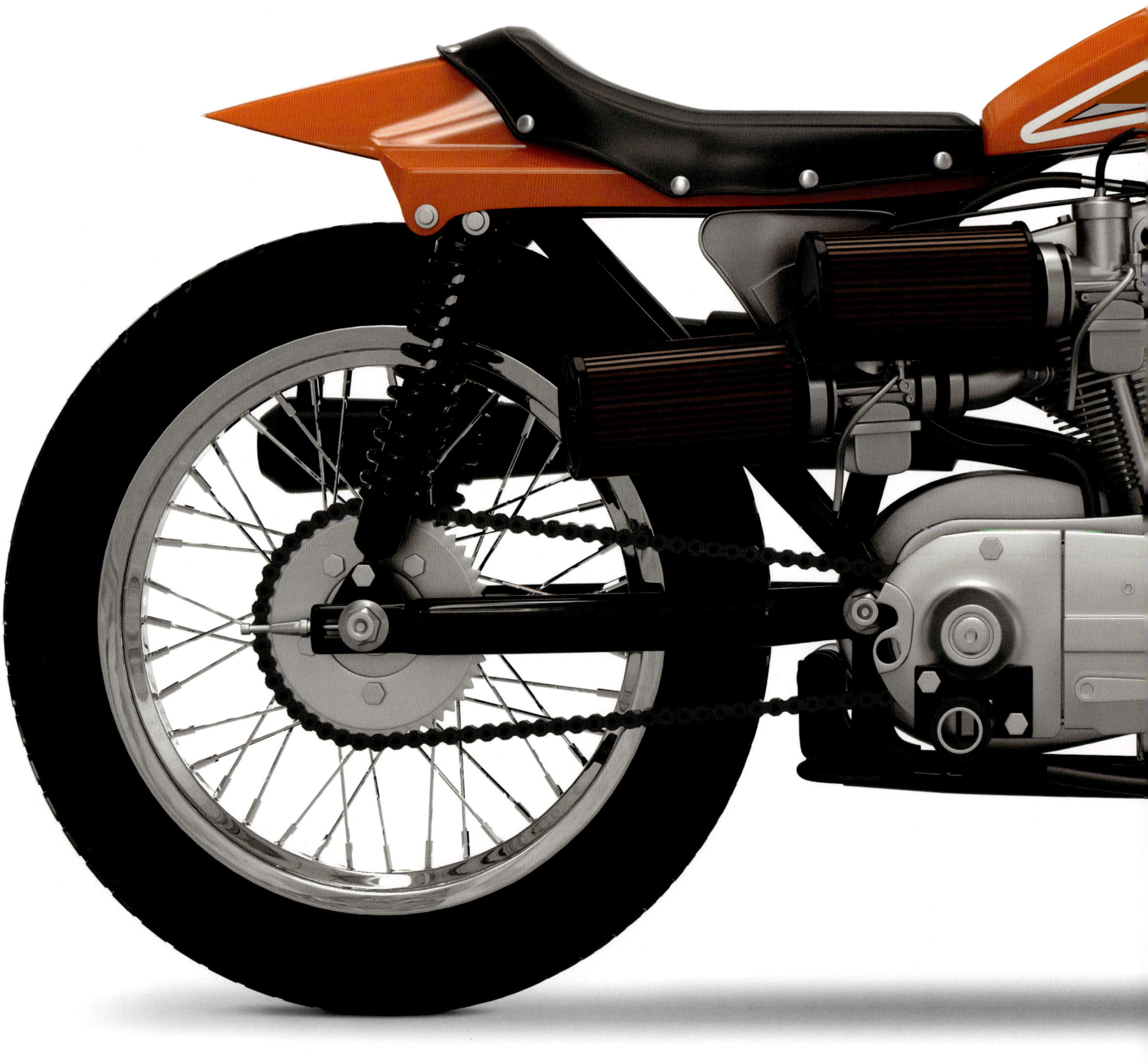

1972–1980

Seit dem Verschwinden des letzten amerikanischen Konkurrenten im Jahr 1953 gewinnt Harley-Davidson Jahr für Jahr bei den Dirt-Track-Rennen der Grand National Championship, und zwar mit KR-750-Motorrädern mit Flathead-Motor. Doch 1963 erobern englische Bikes die Rennszene, und obwohl Harley-Davidson 1969 den Titel verteidigen kann, sind die Tage der KR gezählt. Harley-Davidson beauftragt die Rennsportabteilung unter der Leitung von Dick O'Brien mit der Entwicklung einer neuen Maschine, die in nur vier Monaten fertiggestellt wird. Die erste XR 750 wird auf Basis von KR und Sportster XL 883 gebaut, deren Zylinderbohrung beibehalten, deren Hubraum jedoch auf 750 cm³ reduziert wird, wie für den Wettbewerb erforderlich. Die XR von 1970 wird in einer Auflage von 200 Exemplaren gefertigt, um den Vorgaben der AMA (American Motorcycle Association) zu entsprechen und an Dirt-Track-Rennen teilzunehmen. Während der Rennen laufen die ersten XRs extrem heiß und ihr Vergaser versorgt die Brennkammern nicht ausreichend. Daher werden zahlreiche Modifikationen vorgenommen, wie etwa Ventilvergrößerung bei anderer Nocken-

XR 750
(1970–1971 und 1972–1980)

welle, Nutzung von zwei Vergasern, Erhöhung des Verdichtungsverhältnisses und vieles mehr. Dennoch überhitzen die Maschinen. 1972 erscheint die neue XR 750, die gusseiserne Zylinderköpfe anstelle von Aluminium-Zylinderköpfen nutzt. Die Auspuffrohre auf der rechten unteren Seite des Motorrads werden außerdem nach links oben verlegt. Die XR 750 besitzt zwei Mikuni-Vergaser, die jeweils einen Zylinder des acht Kilogramm leichteren Motors antreiben, untergebracht im gleichen Fahrwerk. 1972 wurde die XR 750 zur »Number One« bei der Grand National Championship.

TECHNISCHE DATEN

MOTOR	
Typ:	45-Grad-V-Twin-Viertakter, luftgekühlt
Triebwerk:	Stößelstangen und von vier Nockenwellen betätigte Kipphebel, zwei Ventile pro Zylinder
Hubraum:	748 cm³ (Gusseisen) und 750 cm³ (Aluminium)
Bohrung x Hub:	76,2 x 81,7 mm (Gusseisen) und 79,4 x 75,7 mm (Aluminium)
Verdichtung:	9,5:1, später 9:1 und 8,5:1 (Gusseisen) und 10,5:1 (Aluminium)
Leistung:	62 PS bei 6200 U/min (Gusseisen), 73 PS bei 7600 U/min (Aluminium) und mehr als 90 PS zwischen 8000 und 8500 U/min mit aufbereitetem Motor
Gemischbildung:	ein Tillotson-Membranvergaser (Gusseisen), zwei Mikuni-Vergaser (Aluminium, mit ø 36 mm und ø 38 mm)
Zündung:	Magnetzündung und eine Zündkerze pro Zylinder

KRAFTÜBERTRAGUNG	
Gänge:	Viergang
Kupplung:	Mehrscheiben-Trockenkupplung
Primärantrieb:	Triplex-Kette
Sekundärantrieb:	Kette

FAHRWERK	
Rahmen:	Doppelschleifen-Stahlrohr
Lenkkopfwinkel:	26 Grad
Bremsen:	keine, aber viele Fahrer brachten eine hintere Scheibenbremse an

ABMESSUNGEN UND GEWICHT	
Radstand:	1448 mm
Tankinhalt:	9,5 l
Trockengewicht:	145 kg (Gusseisen) und 134 kg (Aluminium)

PERFORMANCE UND PREIS	
Preis:	2395 Dollar im Jahr 1975

MODELLE UND VARIATIONEN	
Produktionsjahre:	1970–1971 Zylinder und Zylinderköpfe aus Gusseisen, 1972–1980 immer aus Aluminium
Material:	200 Exemplare mit Gusseisen-Motor im Jahr 1972, 100 Exemplare mit Aluminium im Jahr 1975

XLCR CAFÉ RACER

1977

Sportster XLCR 1000 Café Racer (1977–1979)

TECHNISCHE DATEN

MOTOR	
Typ:	45-Grad-V-Twin-Viertakter, luftgekühlt
Triebwerk:	Stößelstangen und Kipphebel von vier Nockenwellen betrieben, zwei Ventile pro Zylinder
Hubraum:	997 cm^3
Bohrung x Hub:	80,9 x 96,8 mm
Verdichtung:	9:1
Leistung:	61 PS bei 6400 U/min
Drehmoment:	70,6 Nm bei 3800 U/min
Gemischbildung:	Keihin-Vergaser (ø 38 mm)
Zündung:	Batterie und Spule

KRAFTÜBERTRAGUNG	
Gänge:	Viergang
Primärantrieb:	Triplex-Kette
Sekundärantrieb:	Kette

FAHRWERK	
Rahmen:	Doppelschleifen-Stahlrohr
Lenkkopfwinkel:	31 Grad
Aufhängung vorne:	Telegabel
Aufhängung hinten:	Schwinge und zwei Stoßdämpfer
Bereifung vorne:	3.25 x 19
Bereifung hinten:	4.00 x 18
Vorderradbremse:	254 mm Doppelscheibenbremse
Hinterradbremse:	292 mm XLCR Scheibenbremse

ABMESSUNGEN UND GEWICHT	
Radstand:	1486 mm
Tankinhalt:	15 l
Trockengewicht:	234 kg

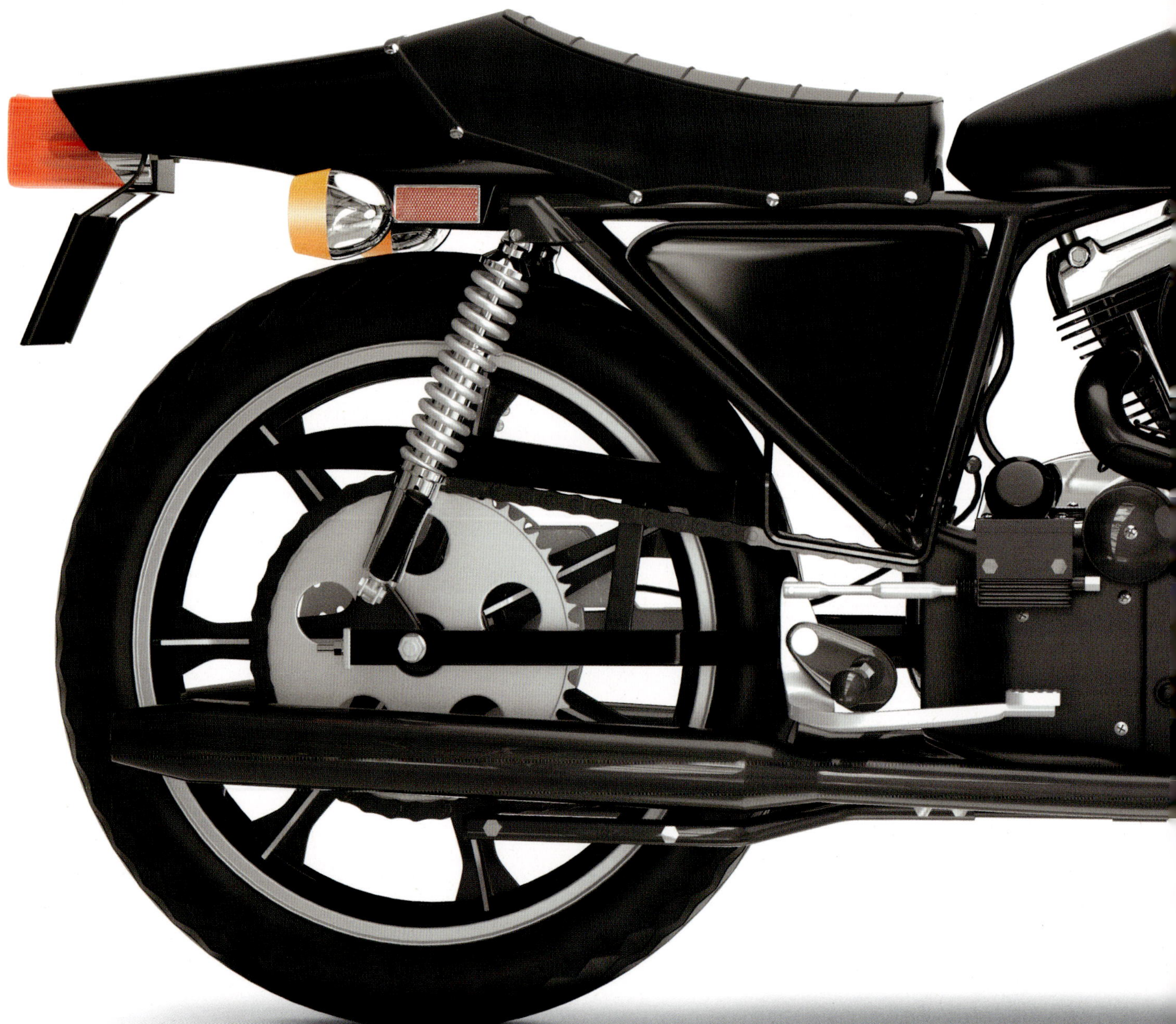

Die XLCR Café Racer mit XL-1000-Sportster-Motor wird während der Daytona Bike Week 1977 vorgestellt und die Presse ist begeistert. Beim Design dieses Modells kombinieren Willie G. Davidson und seine Assistenten Lou Netz und Jim Aubert aus der Rennsportabteilung verschiedene Stilelemente miteinander. So sind etwa Sitz und Kotflügel von der XR 750 inspiriert, der Drag-Bar-Lenker von der Dragster, und die Frontpartie von den sportlichen europäischen Motorrädern der damaligen Zeit, wie an dem kleinen Windschild zu erkennen ist. Die amerikanische Presse gibt diesem Sportmotorrad vor den italienischen und japanischen den Vorzug. Die XLCR ist eine echte Innovation mit einem neuen, dreieckigen Rahmen, den das Unternehmen später für die Sportster von 1979 verwenden wird. Es ist die erste Harley-Davidson-Serie, die vorne über zwei Scheibenbremsen auf den Felgen

verfügt, und Siamese-Auspuffanlagen betonen die aerodynamische Linie der ersten komplett schwarzen Harley-Davidson. Obwohl die Sportster XLCR auf dem Papier ein echter Hingucker ist und von der Presse gefeiert wird, überzeugt sie die Kunden nicht wirklich. Abgesehen vom einzigartigen Design, das im Vergleich zur üblichen Harley-Davidson-Ästhetik sehr innovativ ist, leidet sie auch unter mehreren Mängeln, die sich beim Fahren zeigen. Ihr stattlicher Preis von 3600 Dollar ist höher als der von anderen Sportster-Modellen und Sportmotorrädern konkurrierender Hersteller. Und so gerät die Sportster XLCR, die nur drei Jahre lang produziert wird, zu einem kommerziellen Flop. Aufgrund ihrer Seltenheit und ihres originellen Designs ist sie mittlerweile aber eine der unter Sammlern am meisten begehrten Harley-Davidsons.

FXS LOW RIDER

1977

Die FXS 1200 Low Rider ist das zweite Design von Willie G. Davidson und seinem Team, das den Erwartungen der Kunden gerecht wird, die sich immer mehr nach kultigen Bikes im »Custom-Stil« umsehen. Die Low Rider verfügt über eine außergewöhnlich niedrige Sitzhöhe, eine verlängerte Gabel, einen Schlepplenker, der leicht nach hinten gebogen und auf Risern montiert ist und eine bequeme, leicht nach hinten geneigte Sitzhaltung ermöglicht, wobei der Fahrer die Füße komfortabel nach vorne auf den Fußrasten abstützen kann. Diese Maschine hat ein ausgeprägtes »*Easy Rider*«-Design, das es dem Fahrer durch die niedrige Sitzhöhe erlaubt, so schnell wie möglich zu fahren. Mit ihren geformten Leichtmetallrädern, vorderen Doppelscheibenbremsen und hinteren Einzelscheibenbremsen, dem schwarz-silbernen

Motor und den lackierten Seitenabdeckungen, dem Ölkühler, dem »Fat Bob«-Tank mit einem Fassungsvermögen von 13,3 Litern, der das Armaturenbrett trägt, dem riesigen 2-in-1-Auspuff, den Reifen mit weißer Beschriftung und den nostalgischen Lettern auf dem Tank, die dem grafischen Stil von 1917 entsprechen, unterscheidet sich die Low Rider definitiv vom Super-Glide-Modell, auf dem sie basiert. Außerdem verfügt sie über den traditionellen Kickstarter sowie über einen elektrischen Anlasser. Dieses Motorrad ist auf Anhieb ein phänomenaler Erfolg, und obwohl im ersten Jahr »nur« 3742 Exemplare hergestellt werden, steigt die Produktion 1978 und 1979 auf 9787, wobei eine 1340-cm^3-Version die 1200-cm^3-Low Rider begleitet und die FXS fast die Hälfte der Big-Twin-Verkäufe in jenem Jahr ausmacht. Seitdem ist die Low Rider ein echter Dauerbrenner und wird im Laufe der Jahre mit sämtlichen Arten von Harley-Davidson-Motoren weiterentwickelt. Zwar verschwindet sie gelegentlich aus dem Programm, um aber bald wieder zurückzukehren.

Shovelhead FXS 1200 Low Rider (1977–1980), FXS 1340 Low Rider (1979–1982)

TECHNISCHE DATEN

MOTOR	
Typ:	45-Grad-V-Twin-Viertakter, luftgekühlt
Triebwerk:	Überkopfventile
Hubraum:	1206 cm^3 und 1338 cm^3
Bohrung x Hub:	87,3 x 100,8 mm, dann 89 x 108 mm
Verdichtung:	8:1, später 7,4:1
Leistung:	58 PS
Gemischbildung:	Keihin-Vergaser ø 38 mm
Zündung:	12V-Batterie und Spule (elektronisch ab 1978)

KRAFTÜBERTRAGUNG	
Gänge:	Viergang
Primärantrieb:	Duplex-Kette
Sekundärantrieb:	Kette

FAHRWERK	
Rahmen:	Doppelschleifen-Stahlrohr
Aufhängung vorne:	Telegabel
Aufhängung hinten:	Schwinge und zwei Stoßdämpfer
Bereifung vorne:	3.75 x 19
Bereifung hinten:	5.10 x 16
Vorderradbremse:	Doppelscheibenbremse
Hinterradbremse:	Scheibenbremse

ABMESSUNGEN UND GEWICHT	
Radstand:	1615 mm
Tankinhalt:	13,2 l (15,4 l ab 1980)
Motorölfüllmenge:	3,8 l
Trockengewicht:	282 kg

FXB STURGIS

1980

Shovelhead FXB 1340 Sturgis (1980–1982)

TECHNISCHE DATEN

MOTOR	
Typ:	45-Grad-V-Twin-Viertakter, luftgekühlt
Triebwerk:	Überkopfventile
Hubraum:	1338 cm^3
Bohrung x Hub:	89 x 108 mm
Verdichtung:	7,4:1
Leistung:	58 PS
Gemischbildung:	Keihin-Vergaser (ø 38 mm)
Zündung:	elektronisch

KRAFTÜBERTRAGUNG	
Gänge:	Viergang
Primärantrieb:	Zahnriemen
Sekundärantrieb:	Zahnriemen

FAHRWERK	
Rahmen:	Doppelschleifen-Stahlrohr
Aufhängung vorne:	Telegabel
Aufhängung hinten:	Schwinge und zwei Stoßdämpfer
Bereifung vorne:	3.75 x 19
Bereifung hinten:	5.10 x 16
Vorderradbremse:	Doppelscheibenbremse
Hinterradbremse:	Scheibenbremse

ABMESSUNGEN UND GEWICHT	
Radstand:	1643 mm
Tankinhalt:	15,4 l
Motorölfüllmenge:	3,8 l
Trockengewicht:	278 kg

Die FXB Sturgis, die von der FXS Low Rider abgeleitet ist, wurde von Willie G. Davidson für die »Black Hills Classic«-Rallye entworfen, die jedes Jahr Anfang August in Sturgis in South Dakota stattfindet. Dieses Motorrad, das von einem 1340-cm^3-Motor mit Viergang-Getriebe angetrieben wird, ist die erste moderne Harley-Davidson, die für den Primär- und Sekundärantrieb Riemen anstelle von Ketten verwendet. Diese Technologie hat den Vorteil, dass sie eine Auswahl geringerer Geschwindigkeiten ermöglicht, leiser ist sowie keine Schmierung und nur sehr geringe Einstellungsanpassungen benötigt. Außerdem ist das Kardangelenk im Vergleich zu einer Antriebswelle leichter, einfacher und verbraucht nicht so viel PS. Dieses innovative Motorrad mit einer starken Persönlichkeit hat nur bescheidenen Erfolg, da sein primärer Riemenantrieb die Fahrer (aus Angst vor einem

Reißen) skeptisch stimmt. Während der riemenbetriebene sekundäre Antrieb später bei Harley-Davidson noch öfter eingesetzt wird, hat der primäre Riemenantrieb keine große Zukunft. 1980 fertigt das Unternehmen 1470 FXB Sturgis-Modelle, 3543 im Jahr 1981 und 1833 im Jahr 1982. Dann wird die Produktion eingestellt, sodass dieses Motorrad schnell zu einem sehr beliebten Sammlerstück wird.

1991 stellt Harley-Davidson anlässlich der 50. »Black Hills Classic«-Rallye in Sturgis das Modell FXDB Dyna Glide Sturgis vor. Dieses Motorrad greift die schwarze Ästhetik der ersten Sturgis auf, ist aber mit einem Evolution-Motor in einem innovativen Dyna-Rahmen ausgestattet sowie mit einem sekundären Riemenantrieb, wobei der Primärantrieb wieder eine Kette ist.

FXWG WIDE GLIDE

1980

Die radikalste Art von Custombikes, die von der Designabteilung von Harley-Davidson entwickelt wurde, setzt sich nur langsam durch, da sie für die durchnittlich eher konservativen Kunden ein zu starkes »Bad Boy«-Image verkörpert. In der Tat ist die FXWG 80 Wide Glide die Maschine, die einem echten Chopper unter allen jemals produzierten Werksmodellen am nächsten kommt. Sie verfügt über einen geflammten Treibstofftank, der die Konsole des Armaturenbrettes trägt, eine breite, verlängerte Gabel mit Rohren von 41 mm Durchmesser, ein schmales 21-Zoll-Vorderrad, einen »Bobtail«-Heckfender, einen extrem niedrigen Sitz, der durch eine »Sissy-Bar« verlängert wird, fortschrittliche Bedienelemente und eine kurze, versetzte Auspuffanlage. Gezielt setzt der Hersteller hiermit auf ein neues Modell, das sich nicht aufgrund seiner technischen Innovationen, sondern schlicht aufgrund seines Images auf dem Markt durchsetzen soll. Dennoch ist die Wide Glide ein modernes Motorrad, das alle aktuellen Harley-Davidson-Neuerungen

Shovelhead und V2 Evolution FXWG 1340 Wide Glide (1980–1985)

sowie zusätzlich zu seinem Kickstarter einen elektrischen Anlasser besitzt. Die Wide Glide findet sofort ihr Publikum und feiert, nachdem der Shovelhead-Motor durch einen Evolution-Motor ersetzt wurde, weiterhin Erfolge. Dann verschwindet sie für einige Jahre, um mit dem innovativen Dyna-Fahrwerk zurückzukehren, das später mit neuen Harley-Davidson-Motoren und technologischen Innovationen ausgestattet wird. Heute ist das Kraftpaket Wide Glide noch ebenso attraktiv und punktet mit seinem rebellischen Charakter.

TECHNISCHE DATEN

MOTOR	
Typ:	45-Grad-V-Twin-Viertakter, Shovelhead (Evolution ab Ende 1984), luftgekühlt
Triebwerk:	Überkopfventile
Hubraum:	1338 cm^3
Bohrung x Hub:	89 x 108 mm
Verdichtung:	8,5:1 mit Evolution-Motor
Leistung:	58 PS
Gemischbildung:	Keihin-Vergaser (ø 38 mm)
Zündung:	elektronisch

KRAFTÜBERTRAGUNG	
Gänge:	Viergang
Primärantrieb:	Duplex-Kette
Sekundärantrieb:	Kette (Zahnriemen ab Ende 1984)

FAHRWERK	
Rahmen:	Doppelschleifen-Stahlrohr
Aufhängung vorne:	Telegabel
Aufhängung hinten:	Schwinge und zwei Stoßdämpfer
Bereifung vorne:	MH 90-21
Bereifung hinten:	MH 90-16
Vorderradbremse:	Doppelscheibenbremse (Einzelscheibenbremse ab 1983)
Hinterradbremse:	Scheibenbremse

ABMESSUNGEN UND GEWICHT	
Radstand:	1620 mm
Tankinhalt:	19 l
Motorölfüllmenge:	3,8 l
Trockengewicht:	282 kg (260 kg ab Ende 1984)

MODELLE UND VARIATIONEN

Wide Glide FXWG mit Evolution-Motor: 1986 werden noch einige Hundert Wide Glides verkauft, die 1985 montiert wurden.

Die Wide Glide mit Evolution-Motor wird 1993 zurückkehren, allerdings mit einem Dyna-Rahmen ausgestattet und unter dem Namen FXDWG Dyna Wide Glide. Bei dieser Maschine ist der Motor nicht mehr fest in den Rahmen integriert.

FXST SOFTAIL

1984

Am 16. Juni 1981 treffen sich 13 Männer, um den Harley-Davidson-Rückkauf von A.M.F. vertraglich zu besiegeln. Das Management beginnt mit der Entwicklung einer neuen Firmentaktik, um neuartige Motorräder herzustellen, die dem Ruf der Marke gerecht werden. So wird 1984 ein Motor mit 1340 cm^3, der V2 Evolution, auf den Markt gebracht – zur gleichen Zeit wie die FXST Softail, die optisch sehr an einen »Wide Glide Chopper« erinnert. Dieses Modell stellt die gelungene Verbindung zwischen moderner Technologie und nostalgischem Design dar. Das neue Fahrwerk verfügt über ein ähnliches Heckteil wie ein Motorrad mit starrem Rahmen und ohne Hinterradaufhängung. Tatsächlich hat diese Softail von 1984 aber eine moderne Hinterradaufhängung mit dreieckiger Schwinge, mit zwei unter dem Getriebe versteckten Gasdruckstoßdämpfern. Dieser erste Evolution-Motor, der im Softail-Rahmen montiert ist, kann über einen elektrischen Anlasser oder über einen Kickstartmechanismus gestartet werden. Außerdem verfügt er über ein Viergang-Getriebe, was den nostalgischen Kultcharakter unterstreicht.

Die Maschine verkauft sich ausgezeichnet, und 1986 erhält das FXST-Softail-Standard-Modell ein Fünfgang-Getriebe und einen Sekundärantriebsriemen, bevor es zu einer neuen Harley-Davidson »Softail«-Familie ausgearbeitet wird. Die Einführung der FXSTC Softail Custom erfolgt 1986, zusammen mit der Heritage-Serie, die mit Springer-Gabeln ausgestattet ist. Obwohl das Standard-Modell zugunsten des Custom-Modells aufgegeben wird, das im Laufe der Jahre ebenfalls anderen Softail FXS Platz macht, bleibt der Geist der ersten Softail erhalten: einfach und dem Image der Harley-Davidson Custombikes folgend.

Dank der langen Produktionszeit werden die FXS-Modelle von immer weiterentwickelten Motoren angetrieben, die dem Evolution-Motor im Laufe der Jahre folgen. Diese werden aber nach wie vor ohne Gummilager am Rahmen befestigt, um die Qualität des durch die Vibrationen hervorgerufenen Fahrgefühls zu erhalten.

FXST Softail (1984–1990)

TECHNISCHE DATEN

MOTOR	
Typ:	45-Grad-V-Twin-Viertakter Evolution, luftgekühlt
Triebwerk:	Überkopfventile
Hubraum:	1338 cm^3
Bohrung x Hub:	89 x 108 mm
Verdichtung:	8,5:1
Drehmoment:	91 Nm bei 2350 U/min
Leistung:	56 PS
Gemischbildung:	Keihin-Vergaser ø 38 mm (ø 40 mm 1990)
Zündung:	elektronisch

KRAFTÜBERTRAGUNG	
Gänge:	Viergang (Fünfgang ab 1986)
Primärantrieb:	Duplex-Kette
Sekundärantrieb:	Kette (Zahnriemen ab 1986)

FAHRWERK	
Rahmen:	Doppelschleifen-Stahlrohr
Aufhängung vorne:	Telegabel
Aufhängung hinten:	Softail-Schwinge und zwei Stoßdämpfer, unter dem Getriebegehäuse positioniert
Bereifung vorne:	MH 90-21
Bereifung hinten:	MH 90-16
Vorderradbremse:	Scheibenbremse, Einkolben-Bremssattel
Hinterradbremse:	Scheibenbremse, Einkolben-Bremssattel

ABMESSUNGEN UND GEWICHT	
Radstand:	1684 mm
Tankinhalt:	19,7 l
Motorölfüllmenge:	2,8 l
Trockengewicht:	285 kg

MODELLE UND VARIATIONEN

Die FXSTC Softail Custom, die 1986 herauskommt, ist eine Softail FXST mit einem hochwertigen Hinterrad, viel Chrom und anspruchsvoller Lackierung. Sie ist sehr beliebt und löst die Softail FXST bald ab. Erst 1999 wird sie durch die Softail FXST Standard ersetzt.

FXSTS SOFTAIL SPRINGER

1988

HARLEY-DAVIDSON

1988 feiert Harley-Davidson sein 85-jähriges Jubiläum und stellt zu diesem Anlass ein Sondermodell vor, die brandneue FXSTS Softail Springer. Dieses Modell führt die Springer-Gabel wieder ein, die von Harley-Davidson seit 1952 nicht mehr verwendet wurde, aber immer noch sehr präsent ist bei Motorrädern, die von Privatpersonen und Profis zu Choppern umgebaut werden. Mit dieser Aktualisierung erfüllen moderne Harley-Davidsons dank neuer Ästhetik und neuer Materialien die Erwartungen der Kunden. Die neue Springer-Gabel betont den klassischen Look der Softail, beschränkt sich aber nicht darauf, ein altes Design wiederzubeleben, da sie einen doppelt so langen Federweg aufweist wie im Jahr 1948. Außerdem verfügt sie über teflonbeschichtete Tauchringe und ein computergestütztes Design, das ihren Wirkungsgrad bestimmt, zudem erlaubt sie die Einrichtung eines Scheibenbremssystems anstelle der alten Trommelbremse.

1988 stellt Harley-Davidson 1356 FXSTS Springer Softails zum 85. Firmenjubiläum her, und dank des großen Erfolges wird das Modell 1989 mit 5387 verkauften Exemplaren in die Linie des folgenden Jahres aufgenommen. Das FXSTS-Springer-Modell wird weiterhin im Katalog angeboten und ist 1995 als FXSTB Bad Boy erhältlich.

Ein noch radikaleres Modell mit schwarzer Springer-Gabel wird sich zu einem Heritage-Modell entwickeln. Wie die anderen Modelle der Softail-Familie erhält auch die FXSTS Springer die neuen Motoren und technischen Verbesserungen, die Harley-Davidson einführt, bevor sie 2007 aus dem Programm verschwindet. Im Jahr 2008 spiegelt die Springer Softail FLSTB Cross Bones den Geist der Linie wider, jedoch als eine »Vintage«-Version der FXSTS Springer Softail, die bis 2011 im Katalog zu finden ist.

FXSTS Softail Springer (1988–2006)

TECHNISCHE DATEN

MOTOR	
Typ:	45-Grad-V-Twin-Viertakter, Evolution (Twin Cam 88B ab 2000), luftgekühlt
Triebwerk:	Überkopfventile
Hubraum:	1338 cm^3 und 1449 cm^3 ab 2000
Bohrung x Hub:	89 x 108 mm, und 95,3 x 101,6 mm ab 2000
Verdichtung:	8,5:1 und 8,8:1 ab 2000
Drehmoment:	91 Nm bei 2350 U/min und 109 Nm bei 2800 U/min ab 2000
Leistung:	56 PS und 66 PS ab 2000
Gemischbildung:	Keihin-Vergaser (ø 38 mm, später ø 40 mm ab 1990 und ø 42 mm ab 2000, Einspritzanlage optional ab 2001)
Zündung:	elektronisch

KRAFTÜBERTRAGUNG	
Gänge:	Fünfgang
Primärantrieb:	Duplex-Kette
Sekundärantrieb:	Zahnriemen

FAHRWERK	
Rahmen:	Doppelschleifen-Stahlrohr
Aufhängung vorne:	Springer-Gabel
Aufhängung hinten:	Softail-Schwinge und zwei Stoßdämpfer, unter dem Getriebegehäuse positioniert
Bereifung vorne:	MH 90-21
Bereifung hinten:	MT 130/90-16
Vorderradbremse:	Einzelscheibenbremse, Einkolben-Bremssattel
Hinterradbremse:	Scheibenbremse, Einkolben-Bremssattel und Vierkolben-Bremssattel ab 2000

ABMESSUNGEN UND GEWICHT	
Radstand:	1638 mm und 1660 mm ab 2000
Tankinhalt:	13,2 l und 18,9 l ab 2000
Motorölfüllmenge:	2,8 l und 3,3 l ab 2000
Trockengewicht:	292 kg und 315 kg ab 2000

FLSTF SOFTAIL FAT BOY

1990

HARLEY DAVIDSON
USA

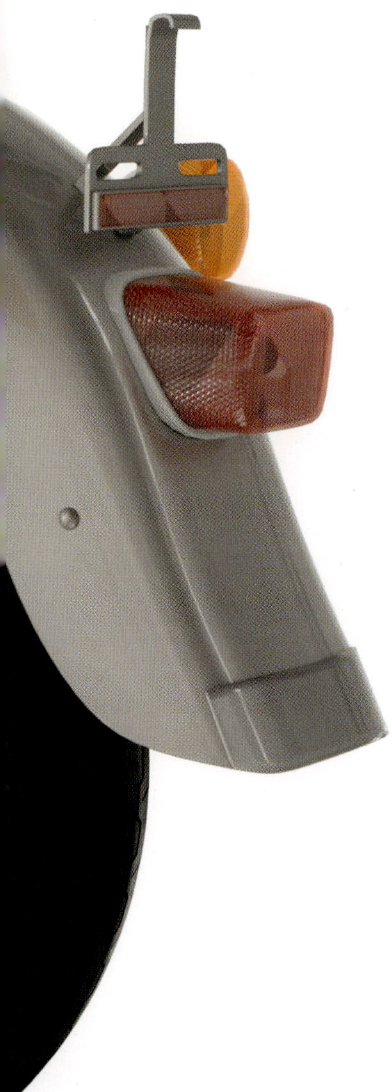

Von Harley-Davidson als »voluminöse« Neuheit vorgestellt, die auf der Basis einer Softail mit Alufelgen-Scheibenrädern für Vorder- und Hinterachse maßgeschneidert wurde, wird die Fat Boy ihre lange Karriere ohne größere Änderungen bis zum heutigen Tag fortsetzen. Die Linie kreiert einen eigenen ästhetischen Stil, ausgehend von einer Softail Heritage.

Harley-Davidson beschrieb das Modell 1990 folgendermaßen: »Der imposante vordere Kotflügel, der die Ästhetik der Maschine unterstreicht, und das gelb durchsetzte Finish des silberfarbenen Chrom-Motors bekräftigen den Charakter der Fat Boy, der durch ihre einfarbige Silberlackierung, ihren sehr breiten ›Retro‹-Lenker und ihren neuartigen Auspuff im Shotgun-Stil erzeugt wird. Die besonders gepflegte Lederpolsterung beim abgestuften Doppelsitz unterstützt diese starke Persönlichkeit.«

Harley-Davidson spielt beim Design der Fat Boy mit Nostalgie und kontrastiert das starre Fahrwerk der alten Harley-Davidsons mit der imposanten und massiven Ästhetik der restlichen Softail-Reihe. Nach 1991 bekommt die Fat Boy einen schwarzen Rahmen wie die anderen Modelle sowie einen schwarzen und verchromten Motor, wodurch die Vollaluminiummodelle dieser Ära zu wahren Sammlerstücken werden. In der Folge profitiert die Fat Boy ebenso von Weiterentwicklungen wie die anderen Softails. Sie wird in verschiedenen Farben angeboten und erhält die neuen Twin-Cam-B-Motoren, wobei das massive Erscheinungsbild stets sorgfältig bewahrt wird.

Ab 2010 gesellt sich die FLSTB Fat Boy Lo (in Europa »Special« genannt) dazu, die ihr gedrungenes Erscheinungsbild durch eine niedrigere Sitzbank sowie durch schwarzen Rahmen und Scheibenfelgen weiter betont. In den folgenden Jahren sind Tank und die Fender in verschiedenen Farben gestaltet, aber die anderen Elemente bleiben schwarz.

FLSTF Softail Fat Boy (1990)

TECHNISCHE DATEN

MOTOR

Typ:	45-Grad-V-Twin-Viertakter, Evolution, luftgekühlt
Triebwerk:	Überkopfventile
Hubraum:	1338 cm^3
Bohrung x Hub:	89 x 108 mm
Verdichtung:	8,5:1
Drehmoment:	91 Nm bei 2350 U/min
Leistung:	56 PS
Gemischbildung:	Keihin-Vergaser (ø 40 mm)
Zündung:	elektronisch

KRAFTÜBERTRAGUNG

Gänge:	Fünfgang
Primärantrieb:	Duplex-Kette
Sekundärantrieb:	Zahnriemen

FAHRWERK

Rahmen:	Doppelschleifen-Stahlrohr
Aufhängung vorne:	Telegabel
Aufhängung hinten:	Softail-Schwinge und zwei Stoßdämpfer, unter dem Getriebegehäuse positioniert
Bereifung vorne:	MT 90-16
Bereifung hinten:	MT 90-16
Vorderradbremse:	Einzelscheibenbremse, Einkolben-Bremssattel
Hinterradbremse:	Scheibenbremse, Einkolben-Bremssattel

ABMESSUNGEN UND GEWICHT

Radstand:	1588 mm
Tankinhalt:	15,9 l
Motorölfüllmenge:	2,8 l
Trockengewicht:	295 kg

MODELLE UND VARIATIONEN

Die FLSTF Fat Boy wurde seit 1990 mit Evolution-Motor ausgestattet, seit 2000 mit Twin Cam 88B (1450 cm^3) und seit 2001 mit Einspritzanlage als Option, später mit Twin Cam 96 mit 1584 cm^3, Sechsgang und Einspritzung erst seit 2007. Ab 2010 ist sie als FLSTB Fat Boy Lo erhältlich, ab 2012 bekommen beide Fat Boys den Twin Cam 103B mit 1691 cm^3.

XLH 883 SPORTSTER

2002

Im Jahr 1986 enthüllt Harley-Davidson mit dem Modell 883 eine Innovation innerhalb der Sportster-Linie. Es verfügt über einen Aluminiummotor und ein völlig neu gestaltetes Erscheinungsbild. Eine echte Revolution, da der Sportster-Motor aus Gusseisen einem neuen, vollständig aus Aluminium gefertigten Treibstoffblock weicht. Der neue Evolution-883-Motor verwendet unter den 426 Einzelteilen 206 völlig neue Teile und 29 Prozent weniger als der Motor aus Gusseisen. Das Unternehmen unterstreicht das starke Image der Sportster, indem es bekräftigt, dass deren neuer Motor aus Aluminium dieselbe Bohrung und denselben Hub hat wie die erste Sportster 55 mit 883 cm^3, die 1957 erschien und deren Motor aus Gusseisen bestand.

Die 1986er Sportster XLH 883 ist als Basismodell zum sehr attraktiven Preis von 3995 Dollar erhältlich, also 700 Dollar günstiger

Sportster XLH 883 (1986–2003)

TECHNISCHE DATEN

MOTOR	
Typ:	45-Grad-V-Twin-Viertakter, luftgekühlt
Triebwerk:	Stößelstangen und Kipphebel von vier Nockenwellen und Hydrostößeln betrieben, zwei Ventile pro Zylinder
Hubraum:	882,8 cm^3
Bohrung x Hub:	76,2 x 96,8 mm
Verdichtung:	9:1
Leistung:	45 PS bei 6,000 U/min (48 PS bei 6000 U/min seit 1988) (42 PS bei 5600 U/min 1991–1992) (46 PS bei 6000 U/min 1993–1994) (49 PS bei 6000 U/min 1995–1999) (50 PS bei 6000 U/min 2000) (53 PS bei 6000 U/min seit 2001)
Drehmoment:	71,5 Nm bei 4000 U/min (60,6 Nm bei 4400 U/min seit 1988) (54 Nm bei 2000 U/min 1991–1992) (58 Nm bei 4400 U/min 1993–1994) (61 Nm bei 2500 U/min 1995–1999) (65 Nm bei 4100 U/min 2000) (66,5 Nm bei 4400 U/min seit 2001)
Gemischbildung:	Keihin-Vergaser (ø 34 mm, ø 40 mm seit 1988)
Zündung:	»Electronic V-Fire III«-Transistor-Elektronikzündung

KRAFTÜBERTRAGUNG	
Gänge:	Viergang (Fünfgang seit 1991)
Primärantrieb:	Triplex-Kette
Sekundärantrieb:	Kette (Zahnriemen seit 1991 bei Deluxe und 1993 bei Hugger und XLH 883)

FAHRWERK	
Rahmen:	Doppelschleifen-Stahlrohr
Lenkkopfwinkel:	29,7 Grad (30,1 Grad Hugger)
Aufhängung vorne:	Telegabel
Aufhängung hinten:	Schwinge und zwei Stoßdämpfer
Bereifung vorne:	100/90 x 19
Bereifung hinten:	130/90 x 16
Vorderradbremse:	Scheibenbremse 292 mm (290 mm 1994–1997) (292 mm seit 1998) Einkolben-Bremssattel 1986–1999 (Vier-Kolben-Bremsssattel seit 2000)
Hinterradbremse:	Scheibenbremse 292 mm (290 mm 1994–1997) (292 mm seit 1998) Einkolben-Bremssattel 1986–1999 (Vierkolben-Bremssattel seit 2000)

ABMESSUNGEN UND GEWICHT	
Radstand:	1524 mm (1537 mm Hugger 1987–1990) (für alle 1528 mm 1991–2000) (für alle 1522 mm seit 2001)
Tankinhalt:	8,5 l (12,5 l seit 1997)
Trockengewicht:	variiert von 214–222 kg

MODELLE UND VARIATIONEN	
XLH 883:	1986–2003
XLH 883 Upgrade:	1986–1987
XLH 883 Hugger:	1987–2003
XLH 883 Deluxe:	1988–1995

als die frühere XLX von 1985. Sie hat das gleiche Design mit einem Einsitzsattel, kleinem »Peanut«-Tank sowie Lenker und der gleichen Minimalausstattung wie bei einem Einstiegs-Motorrad. Im folgenden Jahr, 1987, erscheint neben dem verbesserten Upgrade-Modell noch die Hugger 883 mit reduzierter Sitzhöhe, die 1988 zum Deluxe-Modell wird.

Die XLH 883 erscheint noch in mehreren Modellen, bevor sie 2004 zur XL 883 wird, als die Sportster-Linie von stark modifiziertem Motor und neuem Fahrwerk profitiert. Der Motor von 883 Custom XL und XLC wird mittels Gummilagern in einem neuen Rahmen montiert, nicht mehr mit traditionellen starren Sportster-Lagern.

FLSTS SOFTAIL HERITAGE SPRINGER

2002

Ein lederner Sattel und kunstvoll verzierte Satteltaschen, Vorderradfederung durch eine Springer-Gabel, breite Weißwandreifen und ein großer schwebender Vorderradkotflügel mit Begrenzungsleuchte … alles Elemente, die diesem modernen Motorrad gezielt eine Retro-Ästhetik verleihen. Harley-Davidson hat erkannt, dass seine Geschichte sein größter Trumpf ist. Reine Logik vermag es nicht zu erklären, warum einige Fahrer Motorräder mit nostalgischem Look wie die FLSTS Softail Heritage Springer bevorzugen, die 1997 eingeführt wurde. Dieses Motorrad erinnert an eine Maschine aus den 1940er-Jahren, auch wenn sie über die moderne Technologie eines Evolution-Motors verfügt, der starr im Softail-Rahmen montiert ist. Obwohl die Heritage Springer auf Basis einer Softail Springer gefertigt wurde, hat sie einen Lenk-

winkel, der von 32 Grad bei der Springer und bis zu 31 Grad bei der Heritage Springer reicht, sodass das 16-Zoll-Vorderrad aufgenommen werden kann, ohne eine schwerere Lenkung verwenden zu müssen.

Ausgestattet mit »Tombstone«-Rücklicht, konvexen Tankemblemen, zwei »Fishtail«-Schalldämpfern und Abblendlicht, scheint die Heritage Springer wie einer anderen Zeit entsprungen.

Bis 2004, dem Jahr, in dem sie nicht mehr im Harley-Davidson-Katalog zu finden ist, profitiert die FLSTS von den Weiterentwicklungen der Softail-Reihe und erhält den neuen Twin-Cam-88B-Motor, wobei sie ihren Gesamtlook beibehält, wenn auch diskreter, wie etwa ohne Fransen am Sattel und mit einer weniger extravaganten Lackierung. Von 2005 bis 2007 spiegelt die FLSTC Softail Springer Classic den Geist und die Ästhetik der FLSTS Heritage Springer wider, allerdings ohne Satteltaschen und Weißwandreifen und mit einer schwarzen Springer-Gabel ausgestattet.

FLSTS Softail Heritage Springer (1997–2003)

TECHNISCHE DATEN

MOTOR	
Typ:	45-Grad-V-Twin-Viertakter Evolution (Twin Cam 88B ab 2000), luftgekühlt
Triebwerk:	Überkopfventile
Hubraum:	1338 cm^3 und 1449 cm^3 ab 2000
Bohrung x Hub:	89 x 108 mm, und 95,3 x 101,6 mm ab 2000
Verdichtung:	8,5:1 und 8,8:1 ab 2000
Drehmoment:	91 Nm bei 2350 U/min und 109 Nm bei 2800 U/min ab 2000
Leistung:	56 PS und 66 PS ab 2000
Gemischbildung:	Keihin-Vergaser (ø 40 mm und ø 42 mm ab 2000, Einspritzung optional ab 2001)
Zündung:	elektronisch

KRAFTÜBERTRAGUNG	
Gänge:	Fünfgang
Primärantrieb:	Kette
Sekundärantrieb:	Zahnriemen

FAHRWERK	
Rahmen:	Doppelschleifen-Stahlrohr
Aufhängung vorne:	Springer-Gabel
Aufhängung hinten:	Softail-Schwinge und zwei Stoßdämpfer, unter dem Getriebegehäuse positioniert
Bereifung vorne:	130/90-16
Bereifung hinten:	130/90-16
Vorderradbremse:	Einzelscheibenbremse, Einkolben-Bremssattel
Hinterradbremse:	Scheibenbremse, Einkolben-Bremssattel und Vierkolben-Bremssattel ab 2000

ABMESSUNGEN UND GEWICHT	
Radstand:	1602 mm und 1628 mm ab 2000
Tankinhalt:	15,9 l und 18,9 l ab 2000
Motorölfüllmenge:	2,8 l und 3,3 l ab 2000
Trockengewicht:	323 kg und 340 kg ab 2000

VRSCA V-ROD

2002

2002, ein Jahr vor dem 100. Firmenjubiläum, macht die Harley-Davidson Motor Company eine überraschende Ankündigung: »Es ist an der Zeit, Vorurteile und den Status quo infrage zu stellen. Das jüngste Mitglied der Harley-Davidson Motor Company ist bereit, präsentiert zu werden und alle bisherigen Vorstellungen über Harley-Davidson Customs oder Custom-Cruiser im Allgemeinen zu sprengen ...«. Und in der Tat führte das Unternehmen die V-Rod ein, eine Maschine, die auf einer völlig neuen Motorenbasis gebaut und so modern war, dass man sie als »Revolution« bezeichnen konnte.

Diese neue Harley-Davidson gibt den traditionellen luftgekühlten 45-Grad-V-Twin auf, um einen 60 Grad-V-Twin mit Flüssigkeitskühlung zu verwenden, mit 1130 cm^3 Hubraum, vier Ventilen pro Zylinder und sequen-

zieller Einspritzung. Dies ist der erste flüssigkeitsgekühlte und gleichzeitig der leistungsstärkste Motor, der bislang vom Unternehmen in den hundert Jahren seiner Geschichte produziert wurde: Er erreicht 115 PS. Und die Innovationen sind nicht auf den Motor beschränkt. Die V-Rod verwendet einen hydrogeformten Rahmen ohne sichtbare Schweißnähte, Karosserieteile aus eloxiertem Aluminium und einen unter dem Sitz platzierten Treibstofftank.

Zur V-Rod VRSCA gesellt sich 2004 die V-Rod VRSCB, eine Version mit schwarzem Rahmen und reduziertem Finish, was einen niedrigeren Preis ermöglicht. Aber erst 2005 kommt die V-Rod-Familie mit der Einführung der VRSCR Street Rod, die fünf PS mehr leistet, richtig in Fahrt. Die VRSCB verschwindet 2006 aus dem Katalog und ab 2007 wird die VRSCA zur VRSCAW, die, wie von den Kunden gewünscht, eine breite Hinterradfelge mit imposantem Reifen bekommt. Bis 2010 bleibt sie im Harley-Davidson-Sortiment, mit dem neuen 1250-cm^3-Revolution-Motor, der 2008 herauskommt.

VRSCA V-Rod (2002)

TECHNISCHE DATEN

MOTOR	
Typ:	60-Grad-V-Twin-Viertakter, flüssigkeitsgekühlt
Triebwerk:	doppelte obenliegende Nockenwelle (DOHC), vier Ventile pro Zylinder
Hubraum:	1130 cm^3
Bohrung x Hub:	100 x 72 mm
Verdichtung:	11,3:1
Leistung:	115 PS bei 8500 U/min
Drehmoment:	98 Nm bei 7000 U/min
Gemischbildung:	ESPFI-Einspritzung
Zündung:	elektronisch

KRAFTÜBERTRAGUNG	
Gänge:	Fünfgang
Primärantrieb:	Differenzialgetriebe
Sekundärantrieb:	Zahnriemen

FAHRWERK	
Rahmen:	Doppelschleifen-Stahlrohr
Lenkkopfwinkel:	34 Grad
Aufhängung vorne:	Telegabel 49 mm
Aufhängung hinten:	Schwinge und zwei Stoßdämpfer
Bereifung vorne:	120/70 x 19
Bereifung hinten:	180/55 x 18
Vorderradbremse:	Doppelscheibenbremse (ø 292 mm, Vierkolben-Bremssattel)
Hinterradbremse:	Scheibenbremse (ø 292 mm, Vierkolben-Bremssattel)

ABMESSUNGEN UND GEWICHT	
Radstand:	1713 mm
Tankinhalt:	15 l
Trockengewicht:	270 kg

XLH 1200 SPORTSTER STANDARD

2003

1986, als auch die Sportster 883 erscheint, stellt Harley-Davidson eine Sportster XLH 1100 mit 1100 cm^3 vor, deren Preis um 1200 Dollar höher ist als der des Standard-Modells XLH 883. Der großzügige Doppelsitz und der Lenker, der höher als der der XLH 883 ist, ermöglichen es, die beiden auf den ersten Blick zu unterscheiden. Außerdem verfügt die XLH 1100 über ein vollständigeres Armaturenbrett und ist in verschiedenen Farben sowie mit einem Motor in schwarzer Lackierung erhältlich. Die Maschine ist, was Fahrwerk und Basismotor angeht, der XLH 883 ähnlich, arbeit jedoch mit einer Bohrung von 88,8 x 96,8 mm, um eine Leistung von 62 PS zu erzielen. Harley-Davidson stellt 3077 Exemplare her, außerdem 954 Exemplare des Liberty-Edition-Modells, das den 100. Jahrestag der Freiheitsstatue feiert.

Die XLH 1100 wird 1988 durch die XLH 1200 ersetzt, um ihren Hubraum von dem der XLH 883 abzuheben und den Preisunterschied rechtfertigen zu können. Diese neue Sportster ist das Modell dieser Linie mit dem größten jemals produzierten Hubraum und punktet damit, 12 Prozent mehr Leistung sowie 10 Prozent mehr Drehmoment zu bieten, verglichen mit dem Modell XLH 1100 von 1987. Wie die 883-cm^3-Modelle erhält 1991 die 1200-cm^3-Sportster ein Fünfgang-Getriebe und wird mit einem Sekundär-Zahnriemen ausgestattet. 1996 erscheinen die Modelle XL 1200 C Custom und XL 1200 S Sport neben der XLH 1200, die zur XLH 1200 Standard wird. Im Jahr 2004 erhält die Sportster-Linie einen stark modifizierten Motor, der in einem neuen Rahmen montiert wird, mittels Gummilagern, die die traditionellen starren Halterungen der Sportster ersetzen. Die beiden Modelle mit einem Hubraum von 1200 cm^3 sind die XL 1200R Sportster Roadster und die XL 1200C Sportster 1200 Custom.

Sportster XLH 1200 (1988), dann XLH 1200 Standard (1996)

TECHNISCHE DATEN

MOTOR	
Typ:	45-Grad-V-Twin-Viertakter, luftgekühlt
Triebwerk:	Stößelstangen und Kipphebel, von vier Nockenwellen und Hydrostößeln betätigt, zwei Ventile pro Zylinder
Hubraum:	1199 cm^3
Bohrung x Hub:	88,8 x 96,8 mm
Verdichtung:	9:1
Leistung:	64 PS bei 5600 U/min (58,5 PS bei 5200 U/min seit 1989) (50 PS bei 5200 U/min 1991–1992) (52 PS bei 5200 U/min 1993–1994) (58,4 PS bei 5200 U/min seit 1995)
Drehmoment :	88 Nm bei 4000 U/min (84 Nm bei 3600 U/min seit 1989) (73 Nm bei 2400 U/min 1991–1992) (75 Nm bei 3600 U/min 1993–1994) (88 Nm bei 3500 U/min 1995–1999) (86 Nm bei 3900 U/min seit 2000)
Gemischbildung:	Keihin-Vergaser (ø 40 mm)
Zündung:	elektronisch V-Fire III

KRAFTÜBERTRAGUNG	
Gänge:	Viergang (Fünfgang seit 1991)
Primärantrieb:	Triplex-Kette
Sekundärantrieb:	Kette (Zahnriemen seit 1991)

FAHRWERK	
Rahmen:	Doppelschleifen-Stahlrohr
Lenkkopfwinkel:	29,7 Grad
Aufhängung vorne:	Telegabel
Aufhängung hinten:	Schwinge und zwei Stoßdämpfer
Bereifung vorne:	100/90 x 19
Bereifung hinten:	130/90 x 16
Vorderradbremse:	Scheibenbremse 292 mm (290 mm 1994–1997) (292 mm seit 1998) Einkolben-Bremssattel 1988–1999 (vier Kolben seit 2000)
Hinterradbremse:	Scheibenbremse 292 mm (290 mm 1994–1997) (292 mm seit 1998) Einkolben-Bremssattel 1988–1999 (vier Kolben seit 2000)

ABMESSUNGEN UND GEWICHT	
Radstand:	1524 mm (1528 mm 1991–2000) (1523 mm seit 2001)
Tankinhalt:	8,5 l (12,5 l seit 1995)
Trockengewicht:	216–223 kg (je nach Modell)

MODELLE UND VARIATIONEN

Sportster XLH 1200: 1988–1995

Sportster XLH 1200 Standard: 1996–2003

FXDB DYNA STREET BOB

seit 2006

2006 nimmt das Modell FXDB Dyna Street Bob den »Bobber«-Stil auf eine nüchterne Art und Weise wieder auf. Es darf nicht vergessen werden, dass die Harley-Davidsons aus der Dyna-Familie Erben der Low Rider- und Super Glide-Linien sind, die in den 1970er-Jahren mit dem Shovelhead-Motor ausgestattet wurden. Diese Linie wird mit dem Evolution-Motor entwickelt – demselben Motor, der Anfang der 1990er-Jahre mit dem neuen Dyna-Fahrwerk kombiniert worden war. Darüber hinaus übernahm die erste FXDB Dyna Glide Sturgis im Jahr 1991 ihre Ästhetik von dem 1980 erschienenen Modell FXB Sturgis, weihte aber auch den neuen Dyna-Hubraum mit einem »Twopoint Engine Insulation System« ein, der im 1970er-Jahre-Stil Blick auf die Batterie gewährte – ein Design, das noch immer für die FXDB Dyna Street Bob verwendet wird. Lang, niedrig, schnittig, mit einer verlängerten Gabel, einem niedrigen Schwerpunkt und hervorragenden Handhabungseigenschaften behält die Dyna Street Bob den Geist und die Einfachheit der Super Glide und der Low Rider bei. Sie hebt sich von der übrigen Linie der Dyna Bobber durch ihr Erscheinungsbild ab, das durch den Ape-Hanger-Lenker, den Mini-Vorderkotflügel, den verkürzten Heckfender und vor allem durch den Solositz akzentuiert wird und die Maschine zu einem ganz besonderen Motorrad mit radikaler Ausstrahlung macht.

Die 2006er FXDB Dyna Street Bob verwendet den 1450-cm^3-Cam-Twin-88, der 2007 zugunsten des 1584-cm^3-Twin-Cam-96 aufgegeben wird. 2013 ist eine limitierte Version der FXDB Dyna Street Bob erhältlich, die »Special Edition«, bei der drei polierte Kühlrippenkanten ästhetische Akzente setzen, ausgestattet mit dem neuen Twin Cam 103, der dann 2014 zum Motor der Street Bob wird. Diese erhält auch die in der Special Edition verwendeten Blinker-integrierten Brems- und Rückleuchten, wodurch die Beleuchtungsanlage am Heckfender wegfällt, um eine schnittige Linie zu kreieren.

FXDB Dyna Street Bob (seit 2006)

TECHNISCHE DATEN

MOTOR	
Typ:	45-Grad-V-Twin-Viertakter, Twin Cam 88, dann Twin Cam 96 seit 2007, und Twin Cam 103 seit 2014 (2013 für die Special Edition), luftgekühlt
Triebwerk:	Trommelverteiler, zwei Ventile pro Zylinder
Hubraum:	1449 cm^3, dann 1584 cm^3 seit 2007, und 1690 cm^3 seit 2014 (2013 für die Special Edition)
Bohrung x Hub:	95,3 x 101,6 mm, dann 95,3 x 111,1 mm seit 2007 und 98,4 x 111,1 mm seit 2014
Verdichtung:	8,9:1, dann 9,2:1 2007, und 9,6:1 seit 2014
Drehmoment:	106 Nm bei 4000 U/min, und 122,5 Nm bei 3125 U/min seit 2007, 133 Nm bei 3000 U/min seit 2014
Gemischbildung:	ESPFI, elektronische Kraftstoffeinspritzung
Zündung:	elektronisch

KRAFTÜBERTRAGUNG	
Gänge:	Sechsgang
Primärantrieb:	Duplex-Kette
Sekundärantrieb:	Zahnriemen

FAHRWERK	
Rahmen:	Doppelschleifen-Stahlrohr
Lenkkopfwinkel:	29 Grad
Aufhängung vorne:	49 mm Telegabel
Aufhängung hinten:	zwei Stoßdämpfer
Bereifung vorne:	100/90 x 19
Bereifung hinten:	160/70 x 17
Vorderradbremse:	Scheibenbremse (ø 300 mm und Vierkolben-Bremssattel)
Hinterradbremse:	Scheibenbremse (ø 292 mm und Vierkolben-Bremssattel, zwei Kolben seit 2014)

ABMESSUNGEN UND GEWICHT	
Radstand:	1630 mm
Tankinhalt:	17,8 l
Trockengewicht:	290 kg

VRSCD NIGHT ROD

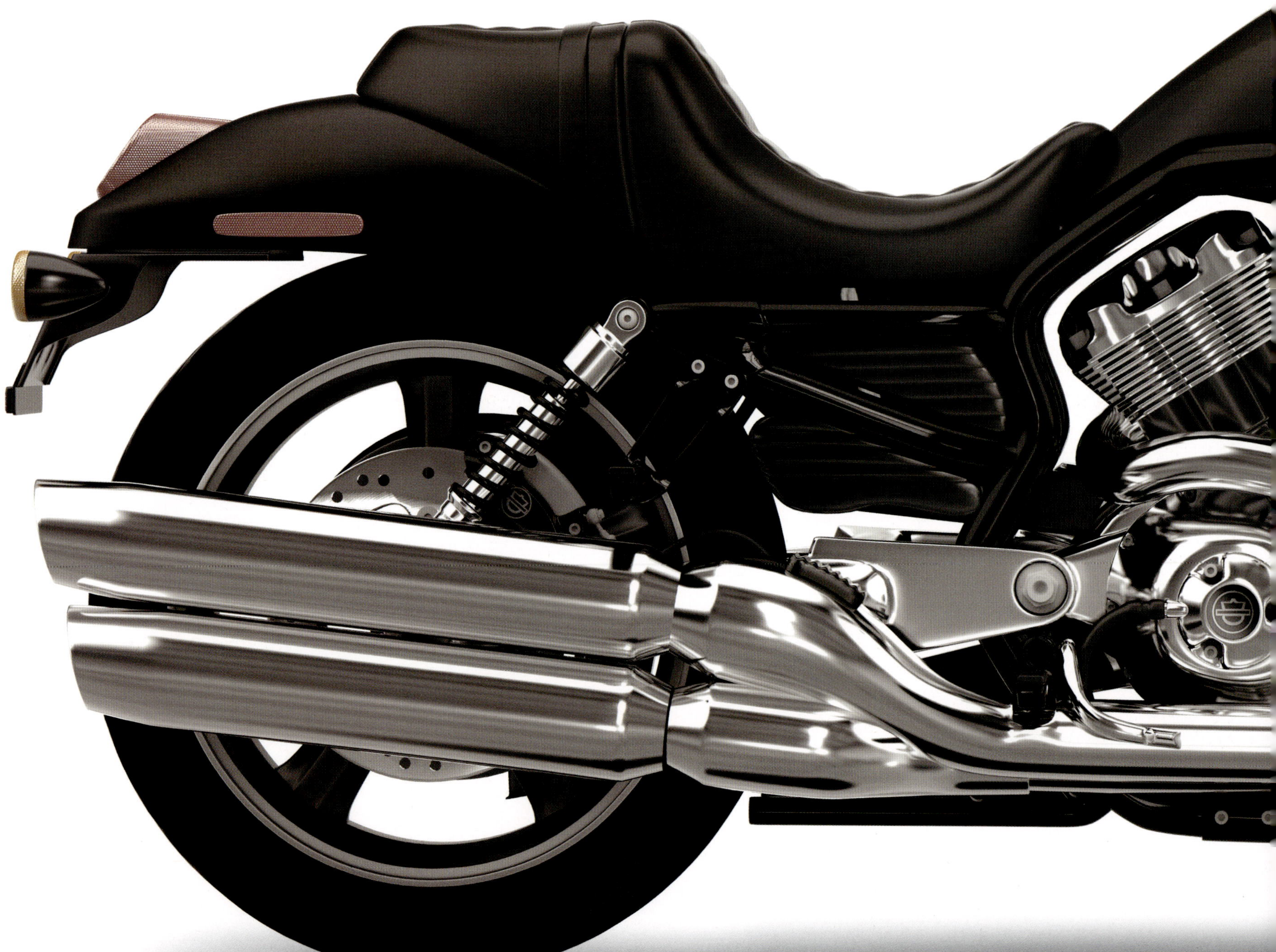

2008

Die VRSCD Night Rod, die 2006 in die Linie der V-Rods aufgenommen wird, enthält die Verbesserungen, die bereits bei der VRSCR Street Rod vorgenommen wurden, um die zusätzlichen fünf PS zu erhalten, die Letztere im Vergleich zur Basis-V-Rod liefert. Aber der in Schwarz gehaltene Look verleiht der Night Rod ein »Bad Boy«-Design, das gut zum »Dragster«-Charakter dieser Motorradfamilie passt. Mit ihrer tiefschwarzen Farbe, die sowohl die schönen Chromteile als auch die gelochten Felgen hervorhebt, punktet die VRSCD Night Rod mit einem abgesenkten und neu gestalteten Sitz, speziell positionierten Fußstützen sowie zentralisierten Bedienelementen und ermöglicht so eine Fahrposition, die eher der bei einer Roadster ähnelt als der bei anderen V-Rod-Modellen. Ein kleiner Windschild und die der Street Rod entlehnte Auspuffanlage auf der rechten Seite verleihen der Night Rod durchaus eine selbstbewusste Optik. Aber die Ästhetik wird immer noch als zu nüchtern empfunden, und so gesellt sich 2007 die VRSCDX Night Rod Special hinzu. Lang und

VRSCD Night Rod (2006–2008)

TECHNISCHE DATEN

MOTOR	
Typ:	60-Grad-V-Twin-Viertakter, flüssigkeitsgekühlt
Triebwerk:	doppelte obenliegende Nockenwelle (DOHC), vier Ventile pro Zylinder
Hubraum:	1130 cm^3 (1250 cm^3 2008)
Bohrung x Hub:	100 x 72 mm (104,9 x 71,9 mm 2008)
Verdichtung:	11,3:1 (11,5:1 2008)
Leistung:	115 PS bei 8500 U/min (125 PS bei 8250 U/min 2008)
Drehmoment:	98 Nm bei 7000 U/min (116 Nm bei 7000 U/min 2008)
Gemischbildung:	ESPFI, elektronische Kraftstoffeinspritzung
Zündung:	elektronisch

KRAFTÜBERTRAGUNG	
Gänge:	Fünfgang
Primärantrieb:	Differenzialgetriebe
Sekundärantrieb:	Zahnriemen

FAHRWERK	
Rahmen:	Doppelschleifen-Stahlrohr
Lenkkopfwinkel:	34 Grad
Aufhängung vorne:	Telegabel 49 mm
Aufhängung hinten:	Schwinge und zwei Stoßdämpfer
Bereifung vorne:	120/70 x 19
Bereifung hinten:	180/55 x 18
Vorderradbremse:	Doppelscheibenbremse (ø 292 mm, dann ø 300 mm 2008, Vierkolben-Bremssattel)
Hinterradbremse:	Scheibenbremse (ø 292 mm, dann ø 300 mm 2008, Vierkolben-Bremssattel)

ABMESSUNGEN UND GEWICHT	
Radstand:	1699 mm (1707 mm 2008)
Tankinhalt:	15 l (18,9 l 2007)
Trockengewicht:	275,3 kg (289 kg 2008)

niedrig, mit einer Sitzhöhe von nur 64 cm und einem imposanten Hinterradreifen (240 mm breit), beeindruckt sie mit einer völlig schwarzen Gestaltung bei Treibstoffblock und Gehäuse, aufgelockert durch schmucke gebürstete Auspuffanlagen und matt-schwarze Kotflügel. Der Erfolg stellt sich sofort ein, aber obwohl beide Night Rods 2008 den neuen 1250-cm^3-Motor erhalten, ist die VRSCDX Night Rod Special ab 2009 die einzige Night Rod, die im V-Rod-Sortiment Bestand hat. Die VRSCD Night Rod in ihrer ursprünglichen Version von 2006 wird daher bald zu einem seltenen Sammlerstück.

XL 1200N SPORTSTER NIGHTSTER

2008

HARLEY-DAVIDSON

2007 kehrt die Sportster mit dem Erscheinen der XL 1200N Nightster zu ihren Ursprüngen als schlichtes, minimalistisches Motorrad zurück. Die 1957 ins Leben gerufene berühmte Sportster ist in vier Hubraumkategorien und in unterschiedlichen Modellen erhältlich, manchmal in einer außergewöhnlichen Version, wie bei der neuen Nightster. Bei diesem Modell hat Harley-Davidson das puristische Design einer 1200 Sportster optisch aufbereitet, wobei die Gabelfaltenbälge, die schwarzen Felgen und die verkürzten vorderen und hinteren Fender mit einer Vintage-Zweifarblackierung, einem Solositz, einem Teardrop-Kraftstofftank und einem Motor mit mattem Finish kombiniert wurden. All dies schafft eine starke visuelle Identität für dieses Motorrad, das die Nische der Neo-Retro-Maschinen füllt.

Zusätzlich zu ihrem ästhetisch allgemein sehr gelungenen Design überrascht die Nightster mit einer Kennzeichenhalterung, die seitlich am hinteren Kotflügel angebracht wird, der mit einer platzsparenden LED-Rückleuchten-Blinker-Einheit ausgestattet ist.

Trotz ihrer »Vintage«-Optik ist diese Sportster nüchtern und elegant, außerdem sehr pflegeleicht und komfortabel in der Handhabung, mit einem sehr niedrig positionierten Sitz und einer modernen Ausstattung, die neben zwei zurückstellbaren Tageskilometerzählern sogar über eine Uhr verfügt. Diese besondere Sportster wird in der Folge innerhalb der Harley-Davidson-Linie mit neuen Farben erweitert und verzweigt sich zum Modell XL 1200 XL Forty-Eight, das im Jahr 2011 den gleichen Umsatz wie die Nightster erzielt. Neben ihrem großen 19-Zoll-Vorderrad und ihrem akzentuierten Vintage-Look ist die Forty-Eight verführerisch leistungsstark und verdrängt 2013 die Nightster aus dem Sortiment.

Sportster XL 1200N Nightster (2007–2012)

TECHNISCHE DATEN

MOTOR	
Typ:	45-Grad-V-Twin-Viertakter, luftgekühlt
Triebwerk:	Stößelstangen und Kipphebel, betätigt durch vier Nockenwellen und Hydrostößel, zwei Ventile pro Zylinder
Hubraum:	1200 cm^3
Bohrung x Hub:	88,9 x 96,7 mm
Verdichtung:	9,7:1
Leistung:	67 PS bei 5700 U/min
Drehmoment:	107 Nm bei 4000 U/min in den USA (101 Nm bei 3500 U/min in Europa)
Gemischbildung:	ESPFI, elektronische Kraftstoffeinspritzung
Zündung:	elektronisch

KRAFTÜBERTRAGUNG	
Gänge:	Fünfgang
Primärantrieb:	Triplex-Kette
Sekundärantrieb:	Zahnriemen

FAHRWERK	
Rahmen:	Doppelschleifen-Stahlrohr
Lenkkopfwinkel:	29,6 Grad
Aufhängung vorne:	Telegabel 39 mm
Aufhängung hinten:	Schwinge und zwei Stoßdämpfer
Bereifung vorne:	100/90 x 19
Bereifung hinten:	150/80 x 16
Vorderradbremse:	Scheibenbremse (ø 292 mm und Zweikolben-Bremssattel)
Hinterradbremse:	Scheibenbremse (ø 292 mm und Einkolben-Bremssattel)

ABMESSUNGEN UND GEWICHT	
Radstand:	1520 mm
Tankinhalt:	12,5 l
Trockengewicht:	247 kg

FXDF DYNA FAT BOB

seit 2008

Im Laufe der Jahre haben die Modelle der Dyna-Linie, die für ihr Fahrverhalten und ihre Leistung berühmt sind, sowie die 2008 eingeführte Dyna Fat Bob die Vielseitigkeit der Dyna-Basis perfekt illustriert. Die Fat Bob erhielt ihren Namen aufgrund der Form ihres legendären Tanks, dem Markenzeichen mehrerer Generationen maßgefertigter Harley-Davidsons. Die optimierte Version aus dem Jahr 2008 kombiniert die Dynamik und Leistung der Dyna-Linie mit einem neuen Design. Die innovative Ästhetik mit dem Doppelscheinwerfer und den breiten Reifen verleiht der Dyna Fat Bob eine starke Persönlichkeit, die sich vom üblichen Stil der Dyna-Modelle unterscheidet, und ein Design, das man von den Softail-Modellen nicht mehr gewohnt war.

Die Kühnheit, die die Dyna Fat Bob offenbart, eröffnet neue Horizonte im ursprünglichen Stil der Factory-Custombikes. Ein extravaganter Doppelscheinwerfer, polierte Leichtmetall-Gabelbrücken und schwarze Gabeltauchrohre verleihen ihr einen radikal innovativen Aspekt, ebenso der beeindruckende 130-mm-Vorderradreifen, der auf einem 16 Zoll großen, silberfarbenen Leichtmetall-Gussspeichenrad aus Aluminium montiert ist. Die vorverlegten Fußrasten und der flache Drag-Bar-Lenker, montiert in V-Form auf schwarzen Risern, ermöglichen dem Fahrer die charakteristische Sitzposition im Stil der Softail-Modelle. Ein schwingungsentkoppelter Twin Cam 96 mit 1600 cm³ erzeugt ein großzügiges Drehmoment, durch seine schwarze Pulverbeschichtung mit polierten Details kombiniert mit einer puristischen, kraftvollen Ästhetik. Diese Optik wird noch akzentuiert durch das neuartige Luftfilter- und Abgassystem mit verchromter »Tommy Gun«-Auspuffanlage« (Staggered 2-in-2, mit dem Katalysator im Schalldämpfer), die sich seitlich um den Motor windet. Den Namen verdankt dieses System seinem geschlitzten Hitzeschild im Look einer Thompson-Maschinenpistole.

Im Jahr 2012 übernimmt die Dyna Fat Bob den Twin Cam 103 mit 1690 cm³ Hubraum, ab 2016 dank der Überarbeitungsinitiative »Project Rushmore« dann in der »High Output«-Version. Ausgestattet mit einem neuartigen »High-Flow«-Luftfilter und einer Nockenwelle, die das finale Drehmoment optimiert, steigert dieser Motor die Leistung der Dyna Fat Bob noch weiter.

FXDF Dyna Fat Bob (seit 2008)

TECHNISCHE DATEN

MOTOR	
Typ:	45-Grad-V-Twin-Viertakter Twin Cam 96 und Twin Cam 103 seit 2012, High Output Twin Cam 103B seit 2016, luftgekühlt
Triebwerk:	invertiert, zwei Ventile pro Zylinder
Hubraum:	1584 cm³ und 1690 cm³ seit 2012
Bohrung x Hub:	95,3 x 111,1 mm und 98,4 x 111,1 mm seit 2012
Verdichtung:	9,2: 1 und 9,6: 1 seit 2012
Drehmoment:	122,5 Nm bei 3125 U/min, 133 Nm bei 3500 U/min seit 2012 und 131 Nm bei 3000 U/min seit 2016
Gemischbildung:	ESPFI, elektronische Kraftstoffeinspritzung
Zündung:	elektronisch

KRAFTÜBERTRAGUNG	
Gänge:	Sechsgang
Primärantrieb:	Duplex-Kette
Sekundärantrieb:	Zahnriemen

FAHRWERK	
Rahmen:	Doppelschleifen-Stahlrohr
Lenkkopfwinkel:	29 Grad
Aufhängung vorne:	Telegabel 49 mm
Aufhängung hinten:	zwei Stoßdämpfer
Bereifung vorne:	130/90 x 16
Bereifung hinten:	180/70 x 16
Vorderradbremse:	zwei Scheibenbremsen ø 300 mm und Vierkolben-Festbremssättel
Hinterradbremse:	Scheibenbremse ø 292 mm und Zweikolben-Schwimmsattel

ABMESSUNGEN UND GEWICHT	
Radstand:	1620 mm
Tankinhalt:	18,9 l
Trockengewicht:	305 kg

XL 883N
SPORTSTER IRON

2009

Die Harley-Davidson-Überraschung 2009 heißt Iron und erinnert an eine Version der berühmten Sportster 883. Seit ihrer Markteinführung im Jahr 1957 bildeten die Sportster-Modelle die Grundlage für viele legendäre Chopper der 60er-Jahre. In den 1970er-Jahren passten sie sich an das Niveau der Dirt-Track-Meisterschaften an und verschoben die Grenzen der Motorrad-Stunts weiter nach oben. Diesen rebellischen Geist wollen die Sportster Iron-Modelle nun erneuern.

Die puristisch wirkende XL 883N Iron ist eine Sportster, die den dunklen und minimalistischen Stil der Harley-Davidson-»Dark Customs« aufgreift, darunter die Cross Bones, die Nightster, die Night Rod Special, die Street Bob, die Night Train und die Fat Bob-Modelle.

Die Sportster XL 883N Iron ist optional auch in Grau erhältlich, bekommt meist aber eine schwarze Lackierung. Mit ihrem kurvenreichen Motor, ihren Faltenbälgen, ihrem »Drag-Bar«-Lenker, ihren verzierten und abgesenkten vorderen und hinteren Fendern und ihrem Solositz, der nur 64 cm hoch über dem Boden steht, verrät sie ihre Zugehörigkeit zur »Dark Custom«-Linie. Auch wenn das Modell der Sportster Iron 883 absichtlich auf einen puristischen Metall-Look setzt, enthält es doch die neuesten technischen Entwicklungen der Sportster-Familie, darunter die sequenzielle elektronische Einspritzung und die sanftere Kupplung. Diese Merkmale sollten nicht übersehen werden, denn mit diesem neuen Modell sprach Harley-Davidson eine städtische Klientel an, die Wert auf unkomplizierte Handhabung, gute Fahrbarkeit, einen leistungsstarken Motor und einen rauen und minimalistischen Look legte – ein zuverlässiges, aber cooles Motorrad im Stil der »Bobber«. Der Erfolg der Sportster Iron garantiert ihre Präsenz im Harley-Davidson-Katalog und macht sie Jahr für Jahr zu einem Klassiker der Marke.

Sportster XL 883N Iron (seit 2009)

TECHNISCHE DATEN

MOTOR	
Typ:	45-Grad-V-Twin-Viertakter, luftgekühlt
Triebwerk:	Stößelstangen und Kipphebel, betrieben von vier Nockenwellen und Hydrostößeln, zwei Ventile pro Zylinder
Hubraum:	882,8 cm^3
Bohrung x Hub:	76,2 x 96,8 mm
Verdichtung:	8,9:1
Leistung:	53 PS bei 6000 U/min
Drehmoment:	70 Nm bei 3750 U/min
Gemischbildung:	ESPFI, elektronische Kraftstoffeinspritzung
Zündung:	elektronisch

KRAFTÜBERTRAGUNG	
Gänge:	Fünfgang
Primärantrieb:	Triplex-Kette
Sekundärantrieb:	Zahnriemen

FAHRWERK	
Rahmen:	Doppelschleifen-Stahlrohr
Lenkkopfwinkel:	29,6 Grad
Aufhängung vorne:	Telegabel 39 mm
Aufhängung hinten:	Schwinge und zwei Stoßdämpfer
Bereifung vorne:	100/90 x 19
Bereifung hinten:	150/80 x 16
Vorderradbremse:	Scheibenbremse (ø 292 mm, Zweikolben-Bremssattel, ø 300 mm seit 2014)
Hinterradbremse:	Scheibenbremse (ø 292 mm, Einkolben-Bremssattel, ø 260 mm seit 2011)

ABMESSUNGEN UND GEWICHT	
Radstand:	1510 mm
Tankinhalt:	12,5 l
Trockengewicht:	255 kg

FLTR ROAD GLIDE

2009

Das Design der FLTR Road Glide 1998 (und FLTRI mit Einspritzoption) lebt von einer rahmenmontierten Verkleidung, die der Maschine Kurven verleiht und einem Doppelscheinwerfer, einer Reihe von Kontrollanzeigen und einem abgesenkten Windschild Platz bietet. Diese Bikes werden aus einem FLHT-Fahrwerk montiert und nutzen den gleichen Rahmen, das gleiche Fünfgang-Getriebe und den gleichen Motorblock wie die Maschinen jener Linie. Tatsächlich folgt die FLTR Road Glide einer Generation von FLT Tour Glide-Modellen, die reich an technischen Innovationen sind.

Im Jahr 1980 verwendet die erste FLT einen 1340-cm^3-Motor und ein Fünfgang-Getriebe. Ihr Motorblock ist mittels Gummilagern am Rahmen befestigt und der Endkettenantrieb befindet sich in einem geschlossenen Ölbad. Die Gabel wurde hinter die Lenkwelle versetzt, wodurch ein größerer Lenkwinkel entsteht, was den Radstand

FLTR Road Glide (2009)

TECHNISCHE DATEN

MOTOR	
Typ:	45-Grad-V-Twin-Viertakter, luftgekühlt
Triebwerk:	umgekehrt, zwei Ventile pro Zylinder
Hubraum:	1584 cm^3
Bohrung x Hub:	95,2 x 111,2 mm
Verdichtung:	9,2:1
Drehmoment:	125 Nm bei 3500 U/min
Gemischbildung:	ESPFI, elektronische Kraftstoffeinspritzung
Zündung:	elektronisch

KRAFTÜBERTRAGUNG	
Gänge:	Sechsgang
Primärantrieb:	Triplex-Kette
Sekundärantrieb:	Zahnriemen

FAHRWERK	
Rahmen:	Doppelschleifen-Stahlrohr
Lenkkopfwinkel:	29,2 Grad
Aufhängung vorne:	Telegabel 41,3 mm
Aufhängung hinten:	zwei Stoßdämpfer
Bereifung vorne:	130/80 x 17
Bereifung hinten:	180/65 x 16
Vorderradbremse:	zwei Scheibenbremsen (ø 300 mm und Vierkolben-Bremssättel)
Hinterradbremse:	Scheibenbremse (ø 300 mm und Vierkolben-Bremssattel)

ABMESSUNGEN UND GEWICHT	
Radstand:	1613 mm
Tankinhalt:	22,7 l
Trockengewicht:	351,5 kg

MODELLE UND VARIATIONEN

FLTR Road Glide 1998 mit Evolution-Motor; 1999 mit 1450 cm^3 Twin Cam 88, dann mit 1584 cm^3 Twin Cam 96 und Sechsgang-Getriebe seit 2007. 2009 mit neuem Fahrwerk. Wird zur FLTRX Road Glide Custom und zur FLTRU Road Glide Ultra (aus dem Sortiment genommen im Jahr 2014), kehrt dann als FLTRXS Road Glide Special im Jahr 2015 zurück.

verkleinert und die Manövrierfähigkeit verbessert, ohne die Stabilität zu beeinträchtigen. Dieses Motorrad erhält alle Entwicklungen von Harley-Davidson und wird in mehreren anspruchsvolleren Versionen produziert, einschließlich der Electra Glide Classic, bevor diese 1998 durch die FLTR Road Glide ersetzt wird. Die FLTR Road Glide profitiert auch von allen Harley-Davidson-Upgrades, egal, ob diese Zubehör, Motor, Fahrwerk oder Gadgets betreffen. Ab 2010 wird sie durch die noch niedrigere und formverbesserte FLTRX Road Glide Custom ersetzt und ist ab 2011 auch als FLTRU Road Glide Ultra mit Tour-Pack erhältlich. Unerklärlicherweise verschwinden die beiden Road Glides im Jahr 2014, aber 2015 treten die FLTRX Road Glide und die FLTRXS Road Glide Special mit stilisierten Linien auf den Plan – ausgestattet mit neuesten elektronischen Innovationen wie USB-Anschluss, Digital-Displays und interaktiver Elektronik.

FLSTC HERITAGE SOFTAIL CLASSIC

2010

Die ersten Electra Glides verfügen über wuchtige 16-Zoll-Vorderräder und verchromte Gabelabdeckungen und sind mit imposanten Scheinwerfern ausgestattet – moderne Harley-Davidsons, mit einem Design, das Erinnerungen an die alten Hydra Glides weckt. 1986 erscheint ein neues Modell mit einem Fahrwerk auf Softail-Basis, FLST Softail Heritage genannt. Dieses Modell ist das erste, das die Softail-Bauweise mit verdeckter Hinterradfederung und einer Gabel im Hydra-Glide-Stil kombiniert, gefolgt von der FLSTC Heritage Softail Classic im Jahr 1988. Sehr stark von der Ästhetik der alten Harley-Davidsons inspiriert, verfügt die Softail Heritage bereits über Trittbretter, Hinterradbremspedale und Kotflügelsignalleuchten. 1988 punktet die Softail FLSTC Heritage Classic dann außerdem mit Ledersatteltaschen, Duositz mit Nieten und »Sissy-Bar«-Rücklehne, »Fishtail«-Auspuffrohren, Windschutz und Abblendlichtern. Dieses Modell mit Evolution-Motor wird zu einem unverzichtbaren Bestandteil der Harley-Davidson-Linie. Es bleibt mit technischen Verbesserungen und neuen Motoren ausgestattet in Produktion

und wird erfolgreich verkauft. Wie alle Softail-Modelle verfügt auch diese Baureihe über einen starr im Rahmen montierten Motor, nutzt aber die Vorteile des Schwingungsisolationssystems, das seit 2000 in allen Softail-Motoren integriert ist. Die Softail-FLST-Familie wird viele Variationen von Modellen hervorbringen, wie etwa die FLSTN Nostalgia, die zur FLSTN Heritage Softail Special wird. Die FLSTC bleibt aber dauerhaft im Harley-Davidson-Katalog.

FLSTC Heritage Softail Classic (seit 1988)

TECHNISCHE DATEN

MOTOR

Typ:	V-Twin-Viertakter 45-Grad-Evolution, Twin Cam 88B ab 2000 und Twin Cam 96B ab 2007, Twin Cam 103B seit 2012, luftgekühlt
Triebwerk:	Überkopfventile
Hubraum:	1338 cm³ und 1449 cm³ ab 2000, 1584 cm³ ab 2007, 1691 cm³ seit 2012
Bohrung x Hub:	89 x 108 mm und 95,3 x 101,6 mm seit 2000 und 95,3 x 111,1 mm ab 2007 und 98,4 x 111,1 mm seit 2012
Verdichtung:	8,5:1 und 8,8:1 ab 2000 und 9,2:1 ab 2007
Drehmoment:	91 Nm bei 2350 U/min und 109 Nm bei 2800 U/min ab 2000, 116,5 Nm bei 3200 U/min ab 2007, und 130 Nm bei 3800 U/min seit 2012
Leistung:	56 PS und 66 PS ab 2000, 70 PS ab 2007 und 78 PS seit 2012
Gemischbildung:	Keihin-Vergaser (ø 38 mm und dann ø 40 mm ab 1990, ø 42 mm ab 2000, Einspritzung als Option ab 2001) und Einspritzung ab 2007
Zündung:	elektronisch

KRAFTÜBERTRAGUNG

Gänge:	Fünfgang
Primärantrieb:	Duplex-Kette
Sekundärantrieb:	Zahnriemen

FAHRWERK

Rahmen:	Doppelschleifen-Stahlrohr
Aufhängung vorne:	Telegabel
Aufhängung hinten:	Softail-Schwinge und zwei Stoßdämpfer unter dem Getriebegehäuse
Bereifung vorne:	MT 90-16
Bereifung hinten:	MT 90-16 und 150/80 x 16 ab 2007
Vorderradbremse:	Einzelscheibenbremse, Einkolben-Bremssattel, Vierkolben-Bremssattel ab 2000
Hinterradbremse:	Scheibenbremse, Einkolben-Bremssattel und Vierkolben-Bremssattel ab 2000 und Zweikolben-Bremssattel seit 2012

ABMESSUNGEN UND GEWICHT

Radstand:	1588 mm und 1630 mm ab 2000, 1635 mm ab 2007, und 1638 mm seit 2012
Tankinhalt:	15,9 l und 18,9 l ab 2000
Motorölfüllmenge:	2,8 l und 3,3 l ab 2000
Trockengewicht:	285 kg und 315,8 kg ab 2000, 326 kg ab 2007, 331 kg ab 2012

MODELLE UND VARIATIONEN

Die FLST Heritage Softail ohne Satteltaschen und Windschild wird 1986 in einer limitierten Auflage produziert, bevor sie 1987 in die Linie aufgenommen wird, in der auch die Softail Heritage Classic erscheint.

VRSCF V-ROD MUSCLE

2010

1250

Obwohl die chromglänzende V-Rod ihr Rebellenimage pflegt, gerät 2009 mit dem Erscheinen der bulligen und kraftvollen VRSCF V-Rod Muscle die zugrunde liegende Basisversion schnell in Vergessenheit. Dank ihrer imposanten »Upside-Down«-Gabel, den großzügig bemessenen Lufteinlässen und dem verkürzten Heckfender über dem monumentalen Hinterradreifen beeindruckt dieses Muskelpaket schon auf den ersten Blick. Mit diesem Modell treibt Harley-Davidson das Konzept der V-Rod auf die Spitze, und indem das Fahrwerk der Night Rod Special wieder aufgegriffen wird, wirkt die Maschine besonders lang und kraftvoll. Sie hat jedoch nicht nur das Aussehen eines aggressiven und brachialen Straßen-Torpedos, sondern beeindruckt auch mit ihrer dynamischen Drehfreude und Power, die schon bei der geringsten Aufforderung großzügig PS liefert.

Das Design ermöglicht dem Piloten eine spezielle Fahrposition mit nach vorn ausgestreckten Beinen, nach außen gehobenen Armen und entspannt gebeugtem Rücken, sodass sich die kraftvollen Beschleunigungen gut meistern lassen. Der riesige Hinterradreifen beeinträchtigt allerdings etwas die Manövrierbarkeit, und der Umgang mit ihm in Kurvenlagen erfordert ein wenig Übung. Die VRSCF V-Rod Muscle ist vollgepackt mit Stärke und Power, wie sowohl ihr Name als auch ihr Look verraten, daher sollte sie sanft und nicht mit roher Dominanz behandelt werden. Sie ist ein eigensinniges Bike mit viel Charakter, und genau das macht ihren Charme aus. Und da das selbstbewusste Kraftpaket hält, was es verspricht, bleibt es im Sortiment, ohne sich im Laufe der Jahre wirklich zu verändern.

VRSCF V-Rod Muscle (2009)

TECHNISCHE DATEN

MOTOR	
Typ:	60-Grad-V-Twin-Viertakter, flüssigkeitsgekühlt
Triebwerk:	doppelte obenliegende Nockenwelle (DOHC), vier Ventile pro Zylinder
Hubraum:	1250 cm^3
Bohrung x Hub:	71,9 x 104,9 mm
Verdichtung:	11,5: 1
Leistung:	125 PS bei 8250 U/min
Drehmoment:	115 Nm bei 6500 U/min
Gemischbildung:	ESPFI, elektronische Kraftstoffeinspritzung
Zündung:	elektronisch

KRAFTÜBERTRAGUNG	
Gänge:	Fünfgang
Primärantrieb:	Differenzialgetriebe
Sekundärantrieb:	Zahnriemen

FAHRWERK	
Rahmen:	Doppelschleifen-Stahlrohr
Lenkkopfwinkel:	34 Grad
Aufhängung vorne:	Telegabel 49 mm
Aufhängung hinten:	Schwinge und zwei Stoßdämpfer
Bereifung vorne:	120/70 x 19
Bereifung hinten:	180/55 x 18 (240/40 x 18 im Jahr 2008)
Vorderradbremse:	Doppelscheibenbremse (ø 300 mm, Vierkolben-Bremssättel)
Hinterradbremse:	Scheibenbremse (ø 300 mm, Vierkolben-Bremssattel)

ABMESSUNGEN UND GEWICHT	
Radstand:	1700 mm
Tankinhalt:	18,9 l
Trockengewicht:	292 kg

FLHTCUTG TRI GLIDE ULTRA CLASSIC

2010

Seit 2009 bietet Harley-Davidson die FLHTCUTG Tri Glide Ultra Classic an, die als moderne Version des dreirädrigen Servi-Car angesehen werden kann, dessen Produktion 1973 eingestellt wurde. Das Servi-Car, das in erster Linie als Nutzfahrzeug konzipiert wurde, ist eine der ikonischen Maschinen der Firma aus Milwaukee. Mit der Tri Glide Ultra Classic, die auf der Basis einer Electra Glide Ultra Classic entwickelt wurde, lässt Harley-Davidson die Trike wiederauferstehen.

Dieses Revival erklärt sich aus der Tatsache, dass ein dreirädriges Motorrad eine bessere Stabilität bietet und eine bestimmte Kundschaft anspricht, die einen Gleichgewichtsverlust befürchtet. Wenn ein Fahrer nach einer längeren Auszeit wieder auf Achse gehen will oder gänzlich neu auf dem Gebiet ist, ist die Trike eine feine Sache, und sie spricht eine Altersgruppe an, die den »Babyboomern« der Nachkriegszeit entspricht. Wichtige potenzielle Kunden sind beispielsweise weibliche Piloten, junge Fahrer, die ein originelles Bike suchen, und Menschen mit körperlichen Einschränkungen, die trotz Handicap nicht auf das Motorradfahren verzichten möchten.

Das Fahrwerk übernimmt die Tri Glide von der Electra Glide

Ultra Classic, wenn auch mit anderem Lenkradwinkel und mit Ausgleichswelle im hinteren Teil.

In den Jahren 2010 und 2011 wird die FLHTCUTG Tri Glide Ultra Classic durch eine FLHXXX Street Glide ergänzt, die ohne Tour-Pack, ohne Bein-Windabweiser, mit kleinerem Windschild und reduzierter Ausstattung produziert wird. Erst im Jahr 2015 gesellt sich ein zweites Modell zur FLHTCUTG Tri Glide Ultra Classic hinzu. Die FLRT Freewheeler wird als Trike-»Hotrod« ohne Tour-Pack und ohne Rahmenverkleidung präsentiert. Während die FLHTCUTG Tri Glide Ultra Classic von einem zweifach gekühlten High Output Twin Cam 103 angetrieben wird, nutzt die FLRT Freewheeler als Motor einen luftgekühlten High Output Twin Cam 103.

FLHTCUTG Tri Glide Ultra Classic (seit 2009)

TECHNISCHE DATEN

MOTOR	
Typ:	45-Grad-V-Twin-Viertakter, luftgekühlt (flüssigkeitsgekühlt und luftgekühlt seit 2014)
Triebwerk:	umgekehrt, zwei Ventile pro Zylinder
Hubraum:	1690 cm^3
Bohrung x Hub:	98,4 x 111,2 mm
Verdichtung:	9,6:1 (10:1 seit 2014)
Drehmoment:	136 Nm bei 3500 U/min (143 Nm bei 3750 U/min seit 2014)
Gemischbildung:	ESPFI, elektronische Kraftstoffeinspritzung
Zündung:	elektronisch

KRAFTÜBERTRAGUNG	
Gänge:	Sechsgang
Primärantrieb:	Triplex-Kette
Sekundärantrieb:	Zahnriemen

FAHRWERK	
Rahmen:	Doppelschleifen-Stahlrohr
Lenkkopfwinkel:	32 Grad
Hinterachse:	1092,2 mm
Aufhängung vorne:	Telegabel 41,3 mm, 49 mm seit 2014
Aufhängung hinten:	zwei Stoßdämpfer
Bereifung vorne:	90 x 16 – 72H
Bereifung hinten:	zwei x 205/65 x 15
Vorderradbremse:	zwei Scheibenbremsen (ø 300 mm und Vierkolben-Bremssättel, sechs Kolben seit seit 2014)
Hinterradbremse:	zwei Scheibenbremsen (ø 229 mm, ø 271 mm seit 2014, Einkolben-Bremssättel)

ABMESSUNGEN UND GEWICHT	
Radstand:	1691 mm (1670 mm ab 2014)
Tankinhalt:	22,7 l
Trockengewicht:	517 kg (525 kg im Jahr 2011, 535 kg seit 2014)

FLSTFB SOFTAIL FAT BOY LO

2010–2016

Im Jahr 2010 erscheint in der Softail-Linie eine Variation der Fat Boy, die Fat Boy Lo (Fat Boy Special in Europa), die sich durch einen besonderen Schwarzton auszeichnet, dessen Glanz geschickt mit matten Farben kombiniert wird. Dieses Motorrad ist eigentlich eine klassische Fat Boy, mit nur sehr wenigen Änderungen, aber einer sehr gelungenen Optik. Die Fat Boy Lo weist keine Stilschwäche auf, von ihrem großen, rundlichen, verchromten Tank mit hellem Lederschutz, den gut lesbaren Anzeigen in der Chrom-Satin-Konsole, den gelochten schwarzen »Bullet Hole«-Vollrädern, dem glänzenden schwarzen Finish des Heckfenders bis hin zu den stylishen Konturen des Luftfilters: Da gibt es nichts zu bemängeln. Und Farben sowie Finish sind nicht die einzigen Punkte, die für die Fat Boy Lo sprechen. Das aufwendige Design zeichnet sich durch niedrigere, gedrun-

genere Konturen aus, mit halbmondförmigen Fußstützen, einem kurvenreichen Fahrersitz sowie einem sich zum Heckfender hin verjüngenden Beifahrersitz. Die Verwendung eines »Mini Beach«-Lenkers mit interner Verkabelung sorgt für ein besonders geglättetes Erscheinungsbild. Der von Lenker, Sitz und Fußrasten gebildete Winkel ist geschlossener, sodass der Fahrer eine etwas stärker gebeugte Sitzposition einnimmt als auf der ursprünglichen Fat Boy. Ab 2012 wird der Lenker leicht modifiziert, sodass seine Krümmung für optimierten Komfort und Ergonomie sorgt. Die Fat Boy Lo wird mit einem 1584 cm^3 Twin Cam 96B und einem Sechsgang-Getriebe ausgestattet, das über eine Doppelhebelschaltung betätigt wird, die es dem Fahrer ermöglicht, bequemer die Gänge zu wechseln. Im Jahr 2012 wird der Motor durch den neuen Twin Cam 103B mit 1690 cm^3 ersetzt, was für ein noch höheres Drehmoment und noch bessere Leistung sorgt. 2016 erscheint als FLSTFB-Fat-Boy-Lo-Variante die FLSTFBS Fat Boy S, eine dunkle, komplett schwarze Version, ausgestattet mit dem neuen Twin-Cam-110B-Motor mit 1801 cm^3. 2017 ersetzt die Fat Boy S die Fat Boy Lo innerhalb der Baureihe.

FLSTFB Softail Fat Boy Lo (2010–2016)

TECHNISCHE DATEN

MOTOR	
Typ:	45-Grad-V-Twin-Viertakter, Twin Cam 96B und Twin Cam 103B, luftgekühlt seit 2012
Triebwerk:	invertiert, zwei Ventile pro Zylinder
Hubraum:	1584 cm^3 und 1690 cm^3 seit 2012
Bohrung x Hub:	95,3 x 111,1 mm und 98,4 x 111,1 mm seit 2012
Verdichtung:	9,2: 1 und 9,6: 1 seit 2012
Drehmoment:	126 Nm bei 3000 U/min und 130,5 Nm bei 3000 U/min seit 2012
Gemischbildung:	ESPFI, elektronische Kraftstoffeinspritzung
Zündung:	elektronisch

KRAFTÜBERTRAGUNG	
Gänge:	Sechsgang
Primärantrieb:	Duplex-Kette
Sekundärantrieb:	Zahnriemen

FAHRWERK	
Rahmen:	Doppelschleifen-Stahlrohr
Lenkkopfwinkel:	31,6 Grad
Aufhängung vorne:	Telegabel 41,3 mm
Aufhängung hinten:	Softail-Schwinge und zwei Stoßdämpfer, unter dem Getriebegehäuse positioniert
Bereifung vorne:	140/75 x 17
Bereifung hinten:	4200/55 x 17
Vorderradbremse:	Scheibenbremse (ø 292 mm, ø 300 mm seit 2015, Vierkolben-Bremssattel)
Hinterradbremse:	Scheibenbremse (ø 292 mm und Zweikolben-Bremssattel)

ABMESSUNGEN UND GEWICHT	
Radstand:	1638 mm
Tankinhalt:	18,9 l
Trockengewicht:	318 kg

FLHTCU ULTRA CLASSIC ELECTRA GLIDE

2010

Die FLHTCU Ultra Classic Electra Glide gehört zu den ausgeklügeltsten der Harley-Davidson-Tourenmaschinen. Das Vorläufermodell aus dem Jahr 1989 mit Evolution-Motor ist die FLHTCU Electra Glide Classic, die über einen Tempomat, ein CB-Funkgerät mit Gegensprechanlage, ein komplettes Audiosystem vorne und hinten sowie eine untere Verkleidung verfügt und in Sonderlackierung erhältlich ist. Sie wird ab 1995 zur FLHTCUI Injection. 1999 kommen der Twin Cam 88 mit 1450 cm^3 und 2007 der Twin Cam 96 mit 1584 cm^3 und Sechsgang-Getriebe zum Einsatz, dann außerdem das neue Fahrwerk, auf das seit 2009 alle Touring-Modelle setzen. 2012 wird der neue Twin Cam 103 mit 1690 cm^3 verwendet, der Luft- und Ölkühlung kombiniert. Im Jahr 2014 setzt das Unternehmen den Twin Cam 103 mit neuer Nockenwelle ein, was einen Drehmomentzuwachs von fünf Prozent ermöglicht, die Leistung im unteren Drehzahlbereich erhöht und die Zeiten und die Beschleunigung im fünften Gang verbessert.

In Europa wird die FLHTCU seit 2014 mit dem neuen, zweifach gekühlten High Output Twin Cam 103 ausgestattet, der 10,7 Prozent mehr Drehmoment und 10,6 Prozent mehr Leistung erzielt als der bisherige Twin-Cam-103-Standardmotor. Die Electra-Glide-Familie entwickelt einige Versionen der Electra Glide Ultra Classic. 2015

sind dies die FLHTCUL Electra Glide Ultra Classic Low (eine niedrigere Version), die FLHTK Electra Glide Ultra Limited mit zweifach gekühltem High Output Twin Cam 103 in den USA und in Europa (mit einer Reihe von Zusatzausrüstungen wie dem »Boom! Box«-System), die FLHTKL Electra Glide Ultra Limited Low (die niedrigere Version der Electra Glide Ultra Limited) und die FLHX Street Glide und FLHXS Street Glide Special (Versionen der Electra Glide ohne Tour-Pack oder Bodenverkleidungen).

FLHTCU Ultra Classic Electra Glide (seit 2009)

TECHNISCHE DATEN

MOTOR	
Typ:	45-Grad-V-Twin-Viertakter, luftgekühlt und dann seit 2012 luftgekühlt und ölgekühlt (und seit 2014 in Europa flüssigkeitsgekühlt und luftgekühlt)
Triebwerk:	umgekehrt, zwei Ventile pro Zylinder
Hubraum:	1584 cm^3 (1690 cm^3 seit 2012)
Bohrung x Hub:	95,3 x 111,1 mm (98,4 x 111,3 mm seit 2012)
Verdichtung:	9,2:1 (9,6:1 seit 2012), (10:1 in Europa, und 9,7:1 in den USA seit 2014)
Drehmoment:	125,5 Nm bei 3500 U/min (135 Nm bei 3250 U/min seit 2012, 140 Nm bei 3250 U/min seit 2014 in den USA und 134 Nm bei 3750 U/min seit 2014 in Europa)
Gemischbildung:	ESPFI, elektronische Kraftstoffeinspritzung
Zündung:	elektronisch

KRAFTÜBERTRAGUNG	
Gänge:	Sechsgang
Primärantrieb:	Triplex-Kette
Sekundärantrieb:	Zahnriemen

FAHRWERK	
Rahmen:	Doppelschleifen-Stahlrohr
Lenkkopfwinkel:	29,2 Grad
Aufhängung vorne:	Telegabel 41,3 mm (49 mm ab 2014)
Aufhängung hinten:	zwei Stoßdämpfer
Bereifung vorne:	130/80 x 17
Bereifung hinten:	180/65 x 16
Vorderradbremse:	zwei Scheibenbremsen (ø 300 mm und Vierkolben-Bremssättel)
Hinterradbremse:	Scheibenbremse (ø 300 mm und Vierkolben-Bremssattel)

ABMESSUNGEN UND GEWICHT	
Radstand:	1613 mm (1625 mm seit 2014)
Tankinhalt:	22,7 l
Trockengewicht:	386,4 kg (400 kg seit 2013, 383 kg seit 2014)

MODELLE UND VARIATIONEN

FLHTCU Ultra Classic Electra Glide (seit 1989 mit Evolution-Motor, gefolgt von FLHTCUI Injection seit 1995, Twin Cam 88 mit 1450 cm^3 seit 1999, Twin Cam 96 mit 1584 cm^3 und Sechsgang seit 2007, und mit neuem Fahrwerk seit 2009)

SPORTSTER XL 1200L LOW

2010

Im November 2005 stellt Harley-Davidson eine neue Sportster vor, das 2006er-Modell sowie die XL 1200L, die ebenso viel Umsatz macht wie die XL 883L Low. Abgeleitet von der Basis einer XL Sportster 1200 R Roadster, bringt es die XL 1200L auf 30 mm weniger Bodenhöhe (bei 711 mm), und sie profitiert von allen Verbesserungen, die die Sportster-Familie erfahren hat. Die Leistung wird gesteigert durch den Einsatz von Pleuelstangen und leichteren (besser geschmierten) Kolben, die eine maximale Drehzahl von 6000 U/min ermöglichen, außerdem durch neuartige Zylinderköpfe und Nockenwellen. Der Motor ist in einem neuen Rahmen untergebracht und die Maschine verfügt über eine modifizierte Schwinge, die für ein besseres Handling sorgt. Ab 2007 erhält die neue Sportster XL 1200 L Low (wie alle Modelle der Sportster-Linie in diesem Jahr) eine komfortable und moderne elektronische Kraftstoffeinspritzung sowie einige verbesserte Details. Diese Sportster wird bis 2009 in Europa und bis 2011 in den USA erhältlich sein. 2014 erscheint als noch niedrigere Version die XL 1200T SuperLow. Diese ist von der Sportster XL 1200C Custom abgeleitet und hat die Basismerkmale traditioneller Cruiser, mit einem großzügigen Lenker, dessen Griffe

Sportster XL 1200L Low (2006–2011)
XL SuperLow 1200T (seit 2014)

TECHNISCHE DATEN

MOTOR	
Typ:	45-Grad-V-Twin-Viertakter, luftgekühlt
Triebwerk:	Stößelstangen und Kipphebel, angetrieben von vier Nockenwellen und Hydrostößeln, zwei Ventile pro Zylinder
Hubraum:	1202 cm^3
Bohrung x Hub:	88,9 x 96,8 mm (88,9 x 96,7 mm seit 2008)
Verdichtung:	9,7:1 (SuperLow 10:1)
Leistung:	70 PS bei 6000 U/min (67 PS bei 5700 U/min seit 2007)
Drehmoment:	92 Nm bei 3300 U/min (101 Nm bei 3200 U/min in Europa seit 2007, 107 Nm bei 4000 U/min seit 2007 in den USA) (SuperLow 94 Nm 3500 U/min)
Gemischbildung:	Keihin-Vergaser (ø 40 mm), ESPFI, elektronische Kraftstoffeinspritzung seit 2007
Zündung:	elektronisch

KRAFTÜBERTRAGUNG	
Gänge:	Fünfgang
Primärantrieb:	Triplex-Kette
Sekundärantrieb:	Zahnriemen

FAHRWERK	
Rahmen:	Doppelschleifen-Stahlrohr
Lenkkopfwinkel:	29,6 Grad (29,7 Grad SuperLow)
Aufhängung vorne:	Telegabel 39 mm
Aufhängung hinten:	Schwinge und zwei Stoßdämpfer
Bereifung vorne:	100/90 x 19 (SuperLow 120/70 x 18)
Bereifung hinten:	150/80 x 16 (SuperLow 150/70 x 17)
Vorderradbremse:	Scheibenbremse (ø 292 mm, Zweikolben-Bremssattel, SuperLow Scheibenbremse ø 300 mm)
Hinterradbremse:	Scheibenbremse (ø 292 mm, ø 260 mm seit 2011, Einkolben-Bremssattel, SuperLow Zweikolben-Bremssattel)

ABMESSUNGEN UND GEWICHT	
Radstand:	1516 mm (1527 mm seit 2011) (SuperLow 1500 mm)
Tankinhalt:	17 l
Trockengewicht:	253 kg (260 kg SuperLow)

MODELLE UND VARIATIONEN	
Sportster XL 1200L Low:	2006–2011
Sportster XL SuperLow 1200T:	seit 2014

näher am Fahrer platziert sind, und einem üppigen Tankvolumen von 17 Litern. Die Fußrasten, größer und 7 cm weiter vorne als bei der SuperLow 883 positioniert, bieten dem Fahrer guten Halt auf einem Sitz, der nur 702 mm über dem Boden liegt. Diese Maschine, ursprünglich mit zwei Satteltaschen und abnehmbarem Windschutz ausgestattet, greift eine Idee auf, die nach dem Scheitern der Sportster 1000 XLT 1977 und 1978 aufgegeben worden war, nämlich die einer Sportster für leichte Touren.

SPORTSTER XL 1200X FORTY-EIGHT

seit 2011

Die Sportster XL 1200X Forty-Eight wird Anfang 2010 als Modell für 2011 in das Programm aufgenommen und weckt sofort die Neugierde und Begeisterung der Harley-Davidson-Fans. Dank ihres kernig-kraftvollen Retro-Charakters, der die Erwartungen der Motorrad-Enthusiasten voll erfüllt, hat sie sofort Erfolg. Der Name der Forty-Eight knüpft an jene Zeit an, in der Biker ihre großen Harley-Davidsons in »Bobber« verwandelten, um die Leistung ihrer Maschinen durch Gewichtsreduktion und Einbau von Teilen, die für Wettkampfmotorräder entwickelt worden waren, zu steigern.

Die Forty-Eight zeichnet sich durch ihre robuste Linie mit bulliger Front, kleinem »Peanut«-Tank, niedrig liegendem Solositz, angeschnittenen Fendern, großen Front- und Hinterradreifen, die unter dem Lenker angebrachten Rückspiegel und den in Schwarz und Chrom gehaltenen Zweizylindermotor mit 1200 cm^3 Hubraum aus. Mit ihren vorverlegten Fußrasten und dem abgesenkten Lenker besitzt sie einen ganz individuel-

len Look und nimmt schnell eine führende Position unter den Sportstern ein, vor allem aufgrund der verbesserten und in Szene gesetzten Leistung ihres Motors im Vergleich zu anderen Modellen. 2016 erhält die Forty-Eight ein leichtes Facelifting, ohne aber ihre DNA zu verändern, denn Harley-Davidson will die Verkaufsdynamik, die seit der Markteinführung der Maschine stetig zugenommen hat, nicht schmälern: Folglich bleiben die ästhetischen Veränderungen minimal. Der »Peanut«-Tank erhält eine nostalgische Verzierung mit dem legendären »Bar & Shield«-Logo in Reliefform, angelehnt an den Stil der 1970er-Jahre und inspiriert von einem Entwurf der AMF (American Machine & Foundry) aus jener Zeit. Die beiden schwarz lackierten Schalldämpfer erhalten eine spezielle perforierte verchromte Paraffinoptik und die Luftfilterabdeckung ist nicht mehr oval, sondern rund und schwarz lackiert. Ein neuer ergonomischer Solositz sorgt für verbesserten Komfort. Die wichtigsten Neuerungen betreffen das Fahrwerk mit der Einführung einer 49-mm-Kartuschengabel (10 mm mehr, verglichen mit dem Vorjahresmodell), neuen »T-Fittings« an der Gabel, sowie einer Stütze unter dem Kotflügel, neuen Aluminiumfelgen an durch neun Speichen unterteilten Rädern, einer schwimmend gelagerten Vorderradbremse und einstellbaren Vorverdichtungs-Stoßdämpfern hinten.

Sportster XL 1200X Forty-Eight (seit 2011)

TECHNISCHE DATEN

MOTOR	
Typ:	45-Grad-V-Twin-Viertakter, luftgekühlt
Triebwerk:	Stößelstangen betätigt durch Nockenwellen und Hydrostößel, zwei Ventile pro Zylinder
Hubraum:	1202 cm^3
Bohrung x Hub:	88,9 x 96,7 mm
Verdichtung:	9,7: 1 und 10,1: 1 seit 2014
Drehmoment:	107 Nm bei 4000 U/min, 95 Nm bei 3500 U/min seit 2014
Gemischbildung:	ESPFI, elektronische Kraftstoffeinspritzung
Zündung:	elektronisch

KRAFTÜBERTRAGUNG	
Gänge:	Fünfgang
Primärantrieb:	Triplex-Kette
Sekundärantrieb:	Zahnriemen

FAHRWERK	
Rahmen:	Doppelschleifen-Stahlrohr
Lenkkopfwinkel:	30 Grad und 30,2 Grad seit 2016
Aufhängung vorne:	Telegabel 39 mm, 49 mm seit 2016
Aufhängung hinten:	Schwinge und zwei Stoßdämpfer
Bereifung vorne:	130/90 x 16
Bereifung hinten:	150/80 x 16
Vorderradbremse:	Scheibenbremse ø 292 mm (300 mm seit 2014), Zweikolben-Bremssattel
Hinterradbremse:	Scheibenbremse ø 260 mm, Einkolben-Bremssattel

ABMESSUNGEN UND GEWICHT	
Radstand:	1519 mm und 1506 mm seit 2016
Tankinhalt:	7,9 l
Trockengewicht:	247,2 kg, 245 kg 2014–2015 und 244 kg seit 2016

DYNA FLD SWITCHBACK

2012–2016

Die größte Neuheit von Harley-Davidson im Jahr 2012 ist ein Touringmotorrad vom Typ GT mit Dyna-Basis, das weniger sperrig und leichter ist als jede andere Harley-Davidson der Touring-Familie auf Electra-Glide-Basis. Die Dyna FLD Switchback ist ein Motorrad, das drei Dyna- und Touring-Baureihen in sich vereint. Es kann fast als »Road King«-Modell im Geiste betrachtet werden, ist aber 43 Kilogramm leichter und punktet mit abnehmbaren Ausstattungselementen. Angetrieben wird es durch einen V-Twin-Motor mit 1690 cm^3 und großzügigem Drehmoment, kombiniert mit einem Sechsgang-Getriebe und einem bereits in der Dyna- und Touring-Reihe erprobten Riemenantrieb. Mit einem Gewicht von 330 Kilogramm, relativ schmalem Sitz mit tiefem Schwerpunkt, ist die Switch-back leicht zu manövrieren,

selbst beim Bremsen. Harley-Davidson kreiert so ein modernes, wendiges, leistungsstarkes Mehrzweckmotorrad, das einfach und intuitiv zu bedienen ist. Es ist aber immer noch eine Harley-Davidson und vom klassische Stil her in der Vergangenheit verwurzelt, mit einem windschnittigen Design, das an die Electra Glide der 1960er-Jahre erinnert, mit Schalenkotflügeln, 2-in-1-Auspuffrohren, einer imposanten Scheinwerferabdeckung und verchromten Gabelkappen, schwarzen Fünf-Speichen-Aluminiumfelgen (inspiriert vom amerikanischen Rennsport und in jenen Jahren sogar bei »Muscle-Cars« eingesetzt). Das komfortable Tourenmotorrad ist mit Gepäckträger und abnehmbarem Windschutz ausgestattet, kann aber schnell und unkompliziert in ein energisches Retro-Bike verwandelt werden – so kommen die Besitzer in den Genuss, quasi zwei Harley-Davidsons ihr Eigen zu nennen.

Im Jahr 2016 übernimmt das Switchback-Modell den neuen leistungsstarken Twin Cam 103, aber die allgemeine Umarbeitung der Touring-Linie mit neuen Motoren und Rahmen führt 2017 zu seinem Verschwinden.

Dyna FLD Switchback (2012–2016)

TECHNISCHE DATEN

MOTOR	
Typ:	45-Grad-V-Twin-Viertakter Twin Cam 103, »High Output«-Version 2016, luftgekühlt
Triebwerk:	invertiert, zwei Ventile pro Zylinder
Hubraum:	1690 cm^3
Bohrung x Hub:	98,4 x 111,1 mm
Verdichtung:	9,6: 1
Drehmoment:	133 Nm bei 3500 U/min
Gemischbildung:	ESPFI, elektronische Kraftstoffeinspritzung
Zündung:	elektronisch

KRAFTÜBERTRAGUNG	
Gänge:	Sechsgang
Primärantrieb:	Duplex-Kette
Sekundärantrieb:	Zahnriemen

Fahrwerk	
Rahmen:	Doppelschleifen-Stahlrohr
Lenkkopfwinkel:	29,9 Grad
Aufhängung vorne:	Telegabel 41,3 mm
Aufhängung hinten:	zwei Stoßdämpfer
Bereifung vorne:	130/70 x 18
Bereifung hinten:	160/70 x 17
Vorderradbremse:	Scheibenbremse ø 300 mm und Vierkolben-Bremssattel
Hinterradbremse:	Scheibenbremse ø 292 mm und Zweikolben-Bremssattel

Abmessungen und Gewicht	
Radstand:	1595 mm
Tankinhalt:	17,8 l
Trockengewicht:	316 kg

FLHR ROAD KING

2014

HARLEY-DAVIDSON
Road King

FLHR Road King (1994)

TECHNISCHE DATEN

MOTOR	
Typ:	45-Grad-V-Twin-Viertakter, luftgekühlt
Triebwerk:	umgekehrt, zwei Ventile pro Zylinder
Hubraum:	1338 cm^3
Bohrung x Hub:	88,8 x 108 mm
Verdichtung:	9:1
Drehmoment:	93 Nm bei 3600 U/min
Gemischbildung:	Keihin-Vergaser (ø 40 mm) mit Vakuumkolben
Zündung:	elektronisch

KRAFTÜBERTRAGUNG	
Gänge:	Fünfgang
Primärantrieb:	Duplex-Kette
Sekundärantrieb:	Zahnriemen

FAHRWERK	
Rahmen:	Doppelschleifen-Stahlrohr
Lenkkopfwinkel:	26 Grad
Aufhängung vorne:	Telegabel 41 mm
Aufhängung hinten:	zwei Stoßdämpfer
Bereifung vorne:	MT 90B16
Bereifung hinten:	MT 90B16
Vorderradbremse:	zwei Scheibenbremsen ø 292 mm und Einkolben-Bremssättel
Hinterradbremse:	Scheibenbremse ø 292 mm und Einkolben-Bremssattel

ABMESSUNGEN UND GEWICHT	
Radstand:	1592 mm
Tankinhalt:	18,9 l
Trockengewicht:	320 kg

MODELLE UND VARIATIONEN

FLHR Road King mit Evolution-Motor seit 1994, Einspritzung als Option seit 1996, Twin Cam 88 mit 1450 cm^3 seit 1999, und dann Twin Cam 96 mit 1584 cm^3, Sechsgang-Getriebe und Einspritzung seit 2007.

1994 wird die neue FLHR Road King von Harley-Davidson als praktische Maschine mit puristischem Design vorgestellt, die das klassische Bild des großen amerikanischen Custom-Touring-Bikes wieder aufleben lässt. Dabei überträgt das Konzept die Eigenschaften der FLHS Electra Glide Sport auf deren Nachfolgerin. Die FLHS Electra Glide Sport von 1987 war eine leichtere Version der FLHT Electra Glide. Deren Satteltaschen wurden beibehalten, aber das Tour-Pack wurde aufgegeben und die Gabelkrone durch einen einfachen, abnehmbaren Windschild ersetzt, der sich um die große Scheinwerfermaske wölbte, außerdem erhielt das Bike einen robusten Gepäckträger. Das Modell wurde bis 1993 hergestellt. Ab 2014 verwendet die FLHR Road King die gleiche Konfiguration, über einen Beifahrersitz verfügend, der schnell entfernt werden kann. Die FLHR Road King wird zu einem zeitlosen Klassiker, der mit Verbesserungen wie Einspritzanlage, neuen Motoren und Getrieben sowie innovativem Touring-Fahrwerk weiterentwickelt wird und ab 1998 in der Version FLHR Road King Classic erhältlich ist. Die Road King Classic übernimmt ihre Ausstattung von der Road King, punktet aber mit einem Doppelsitz aus geprägtem Leder, dazu passenden Satteltaschen und Speichenrädern mit Weißwandreifen.

Die FLHRS Road King Custom wird 2007 ebenfalls in die Familie aufgenommen. Es handelt sich um eine Road King ohne Windschild, mit breitem Lenker und einer tiefer positionierten Federung, um die massive Custombike-Optik zu betonen; ebenfalls mit ledernen Satteltaschen ausgestattet. Je nach Jahr werden die beiden Modelle sowohl in Europa als auch in den USA präsentiert, bisweilen wird aber nur jeweils eine Version geliefert, wie etwa 2014 und 2015 die Road King in die USA und die Road King Classic nach Europa.

FLHXS ELECTRA STREET GLIDE SPECIAL

seit 2014

Harley-Davidson

FLHXS Electra Street Glide Special (seit 2014)

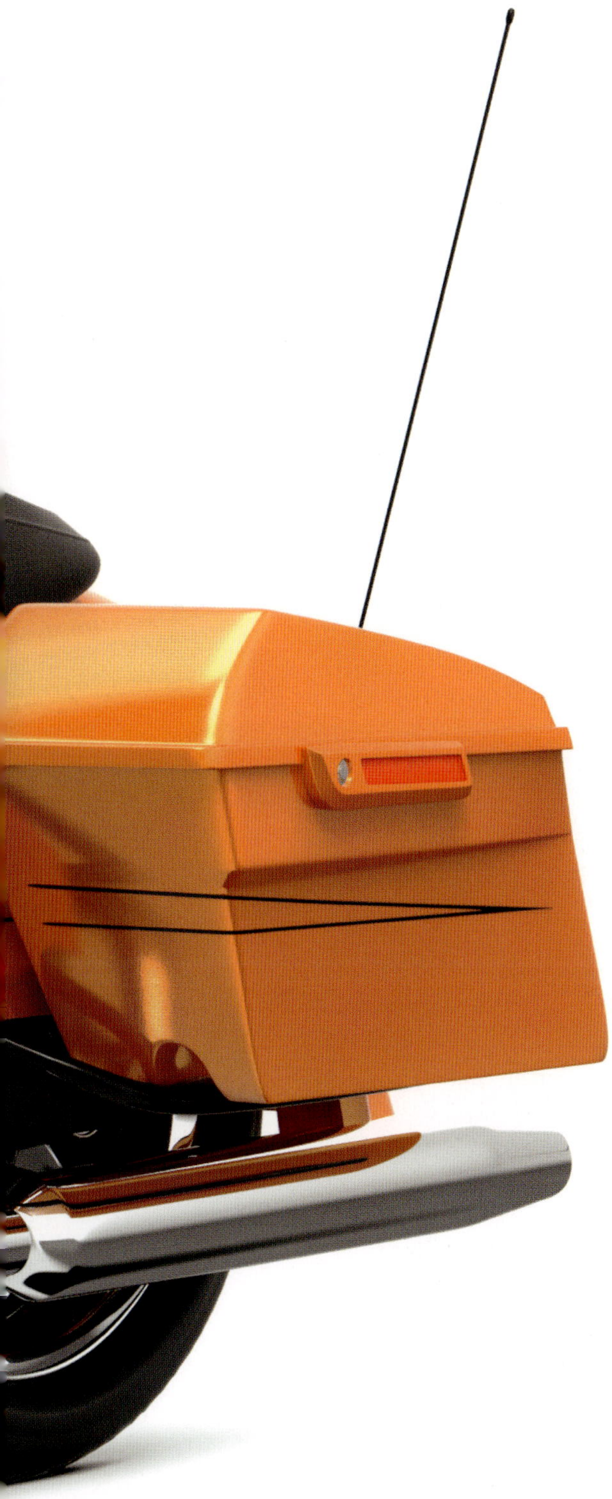

TECHNISCHE DATEN

MOTOR	
Typ:	45-Grad-V-Twin-Viertakter Twin Cam 103, Milwaukee Eight 107 seit 2017, luft- und ölgekühlt
Triebwerk:	invertiert, zwei Ventile pro Zylinder und vier Ventile pro Zylinder seit 2017
Hubraum:	1690 cm^3 und 1746 cm^3 seit 2017
Bohrung x Hub:	98,4 x 111,1 mm und 111,1 mm seit 2017
Verdichtung:	9,7:1 und 10:1 seit 2017
Drehmoment:	141 Nm bei 3250 U/min, 151 Nm bei 3250 U/min
Gemischbildung:	ESPFI, elektronische Kraftstoffeinspritzung
Zündung:	elektronisch

KRAFTÜBERTRAGUNG	
Gänge:	Sechsgang
Primärantrieb:	Duplex-Kette
Sekundärantrieb:	Zahnriemen

FAHRWERK	
Rahmen:	Doppelschleifen-Stahlrohr
Lenkkopfwinkel:	26 Grad
Aufhängung vorne:	Telegabel 49 mm
Aufhängung hinten:	zwei Stoßdämpfer
Bereifung vorne:	130/60 x 19
Bereifung hinten:	180/65 x 16
Vorderradbremse:	zwei Scheibenbremsen ø 300 mm und Vierkolben-Bremssättel
Hinterradbremse:	Scheibenbremse (ø 300 mm und Vierkolben-Bremssattel)

ABMESSUNGEN UND GEWICHT	
Radstand:	1625 mm
Tankinhalt:	22,7 l
Trockengewicht:	352 kg (360 kg seit 2017)

2014 überarbeitet Harley-Davidson im Rahmen des ehrgeizigen Programms »Project Rushmore« die Motoren und Rahmen seiner Touring-Linie komplett. Mit der FLHXS Street Glide Special führt das Unternehmen eine besonders luxuriöse Version des typischen Basismodells ein. Während die Electra Glide-, Ultra Classic- und Ultra Limited-Modelle einen wassergekühlten Twin Cam 103 verwenden, nutzt die Street Glide Special einen luft- und ölgekühlten Twin Cam 103 High Output mit neuartiger Nockenwelle, der fünf Prozent mehr Drehmoment liefert. Im Rahmen der Überarbeitung wird die aerodynamische »Batwing«-Form der Electra Glide, die auch in der FLHXS spürbar ist, modifiziert, um den Schutz des Fahrers zu verbessern, ohne die traditionelle Ästhetik zu zerstören. Außerdem wird ein Infotainment-System namens »Boom! Box« installiert, das auf die Erwartungen einer an interaktive Elektronik gewöhnten und vernetzten Kundschaft zugeschnitten ist. Die Street Glide Special verfügt außerdem über eine hintere Luftfederung, zwei Halogenlampen, neue Bedienelemente und einen 6,5-Zoll-Touchscreen, um Musik und Telefon sowie das integrierte GPS-System zu bedienen. Im Jahr 2017 erlebt die Linie eine weitere starke Entwicklung, als Harley-Davidson seine neuen Motoren Milwaukee Eight 107 und 114 einführt (mit acht Ventilen pro Motor). Dabei handelt es sich um Zweizylinder mit einer neuen Generation von Zylinderköpfen, die durch Öl oder Wasser doppelt gekühlt werden (»Twin Cooled«) und mit 1746 cm^3 oder 1870 cm^3 Hubraum arbeiten. Diese neue Motorengeneration verbessert Leistung und Drehmoment, gewährleistet die Einhaltung aktueller und zukünftiger Abgas- und Lärmschutznormen und begrenzt die Wärmeabgabe des Motors – Vorteile, von denen 2017 auch die Street Glide Special mit ihrem Milwaukee-Eight-107-Motor profitiert.

FXDLS DYNA LOW RIDER S

seit 2016

Auch wenn die FXDLS Dyna Low Rider S, die Anfang 2016 vorgestellt wird, im Grunde genommen eine Variation des Dyna Low Rider ist, gilt sie als ein neues Modell, inspiriert von der sportlichen Low Rider-Version aus dem Jahr 1987, der FXRS-SR Sport mit 1340 cm^3 großem Hubraum. Langgestreckt und mit einer niedrigen Sitzbank (685 mm) ausgestattet, ist sie komplett in Schwarz gehalten, akzentuiert mit Chromdetails, goldfarbenen Felgen und einem kegelförmigen Luftfilter in der typischen Racing-Optik. Die Low Rider S ist sowohl energisch als auch elegant und erinnert an die raffinierten, leistungsstarken amerikanischen »Muscle-Cars«. Harley-Davidson nutzte für diese Maschine einen Motor der Spitzenklasse und

entschied sich für den Twin Cam 110 Screamin' Eagle mit 1801 cm³ und großzügigem Drehmoment. Neben ihrem herrlichen Motor ist einer der Hauptvorteile der S-Version ihre effektive Federung. Die Hinterradaufhängung sorgt für eine perfekte Dämpfung und vorne sorgt eine hochmoderne Cartridge-Gabel für ein komfortables Fahrgefühl. Obwohl es sich um eine »sportliche« Harley-Davidson handelt, hat das Drei-Scheiben-Bremssystem mehr als ausreichend Bisskraft. Auch wenn die Low Rider S vielleicht nicht das vielseitigste Modell der Reihe ist, bietet sie in fast jeder Situation pures Fahrvergnügen. Bei diesem Motorrad spürt der Fahrer die volle Wucht des Beschleunigens, unterstützt von einem voluminösen Sound. Dank des sorgfältig gefederten Fahrwerks kommt man am Steuer der Low Rider S in den Genuss eines großen, hochwertigen und charaktervollen Motors und sitzt dennoch kommod genug, um die Maschine auch im Alltag zu nutzen. Es ist schwer, dem verführerischen Klang zu widerstehen, der entsteht, wenn man Gas gibt und dieser heiße Flitzer seine Pferdestärken entfesselt.

FXDLS Dyna Low Rider S (seit 2016)

TECHNISCHE DATEN

MOTOR	
Typ:	45-Grad-V-Twin-Viertakter, Twin Cam 110, luftgekühlt
Triebwerk:	invertiert, zwei Ventile pro Zylinder
Hubraum:	1801 cm³
Bohrung x Hub:	101,6 x 111,1 mm
Verdichtung:	9,2: 1
Drehmoment:	158 Nm bei 3500 U/min
Gemischbildung:	ESPFI, elektronische Kraftstoffeinspritzung
Zündung:	elektronisch

Kraftübertragung	
Gänge:	Sechsgang
Primärantrieb:	Duplex-Kette
Sekundärantrieb:	Zahnriemen

Fahrwerk	
Rahmen:	Doppelschleifen-Stahlrohr
Lenkkopfwinkel:	30,5 Grad
Aufhängung vorne:	Telegabel 49 mm
Aufhängung hinten:	zwei Stoßdämpfer
Bereifung vorne:	100/90 x 19
Bereifung hinten:	160/70 x 17
Vorderradbremse:	zwei Scheibenbremsen ø 300 mm und Vierkolben-Bremssättel
Hinterradbremse:	Scheibenbremse ø 292 mm und Zweikolben-Bremssattel

Abmessungen und Gewicht	
Radstand:	1630 mm
Tankinhalt:	17,8 l
Trockengewicht:	293 kg

FLSS SOFTAIL SLIM S

seit 2016

2012 hatte Harley-Davidson bereits die FLS Softail Slim mit 1690 cm^3 auf den Markt gebracht, ein Motorrad mit echter »Bobber«-Attitüde. Mit Solositz, »gechopptem« Heckfender, einer Sitzhöhe von 65 cm, einem großen Lenker im Hollywood-Stil und vorverlegten Trittbrettern erforderte sie eine »energische« Fahrposition.

2016 erscheint innerhalb der Produktreihe dann die FLS Softail Slim S, die mit einem schwarzen Screamin' Eagle Twin Cam 110 eine noch virilere Variante anbietet. Dieser Motor mit 1801 cm^3 verfügt über eine Screamin' Eagle Stage 1-Kraftstoffeinspritzung und optimierte, geschwärzte obere und untere doppelte »Shotgun«-Schalldämpfer, was ihm eine Leistung verleiht, wie sie bislang nur bei den Modellen der limitierten CVO-Serie (Custom Vehicle Operations) zu finden gewesen war. Die FLSS Sofltail Slim S ersetzt polierte Chromteile durch matt schwarz getönte, und ihre

»Olive Gold Denim«-Lackierung mit Harley-Davidson-Initial und Stern-Logo erinnert an die WLA-Militärmodelle, die das Unternehmen während des Zweiten Weltkriegs hergestellt hatte. Damit zollt die Softail Slim S den »Bobbern« Tribut, die nach dem Krieg überall in den USA in Garagen und auf Hinterhöfen aus diesen Maschinen zusammengebaut worden waren. Weitere Stilmerkmale jener Ära sind unter anderem die glänzend schwarze »Cat Eye«-Tankkonsole, in der ein Tacho mit Retro-Ziffernblatt eingelassen ist, Trittbretter im »Half-Moon«-Stil, eine abgerundete Verkleidung des Luftfilters, Speichenräder mit markanten runden Felgen und Naben sowie ein abgesteppter Solositz. Diese Maschine ist ein echter »Bobber«, ein robustes Motorrad mit Kultfaktor, bei dem der Softail-Rahmen die klaren Linien der Hardtails imitiert, aber durch eine unter dem Getriebegehäuse verborgene Hinterradfederung für mehr Fahrkomfort sorgt. Diese Verbindung von moderner Effizienz und Power mit einem kernigen Retro-Look ist sofort erfolgreich. Optional zur olivgrünen Lackierung wird auch eine schwarze angeboten.

FLSS Softail Slim S (seit 2016)

TECHNISCHE DATEN

MOTOR	
Typ:	V-Twin-Viertakter Twin Cam 110B, luftgekühlt
Triebwerk:	invertiert, zwei Ventile pro Zylinder
Hubraum:	1801 cm^3
Bohrung x Hub:	101,6 x 111,1 mm
Verdichtung:	9,5: 1
Drehmoment:	148 Nm bei 3500 U/min
Gemischbildung:	ESPFI, elektronische Kraftstoffeinspritzung
Zündung:	elektronisch

Kraftübertragung	
Gänge:	Sechsgang
Primärantrieb:	Duplex-Kette
Sekundärantrieb:	Zahnriemen

Fahrwerk	
Rahmen:	Doppelschleifen-Stahlrohr
Lenkkopfwinkel:	32,1 Grad
Aufhängung vorne:	Telegabel 41,3 mm
Aufhängung hinten:	Softail-Schwinge und zwei Stoßdämpfer unter dem Getriebegehäuse
Bereifung vorne:	MT90B x 16
Bereifung hinten:	MU85B x 16
Vorderradbremse:	Scheibenbremse ø 300 mm und Vierkolben-Bremssattel
Hinterradbremse:	Scheibenbremse ø 292 mm und Zweikolben-Bremssattel

Abmessungen und Gewicht	
Radstand:	1635 mm
Tankinhalt:	18,9 l
Trockengewicht:	309 kg

STREET ROD XG 750A

seit 2017

HARLEY-DAVIDSON

2014 sorgte die Vorstellung der Street XG 750 im Harley-Davidson-Katalog für Gesprächsstoff. Dieses Motorrad führte ein völlig neues mechanisches Design mit einem 749-cm^3-Motor ein, der als »Revolution X« bezeichnet wurde. Wie der Revolution-Motor der V-Rod-Reihe arbeitete auch dieser Zweizylinder mit 60 Gradwinkel und Luftkühlung, begnügte sich aber mit einer einfachen Nockenwelle zum Betreiben seiner vier Ventile pro Zylinder. Auch wenn die Street XG 750 mit ihrem gut verarbeiteten Fahrwerk und leistungsstarkem Motor durchaus ihre Kunden fand, fehlte es ihr an Elan und einigen Merkmalen, die die Marke ausmachen. 2017 bringt Harley-Davidson mit der Street Rod XG 750A ein Motorrad im Café-Racer-Stil der 1960er-Jahre auf den Markt, das dem Firmenimage besser entspricht. Der in Sachen Drosselklappengehäuse, Zylinderköpfe sowie Ansaug-Ports und Nockenwellen verbesserte High Output Revolution X 750 erbringt mehr Drehmoment im mittleren und mehr Leistung im oberen Drehzahlbereich (68 PS bei 8750 U/min), fast 10 PS mehr als beim Vorläufermodell.

Das überarbeitete Fahrwerk verbessert die Dynamik der handlichen und kurvengierigen Maschine, dank eines reduzierten Lenkwinkels am »Drag-Bar«-Lenker (27 anstatt 32 Grad), einer verstärkten »Upside-Down«-Gabel mit größerem Durchmesser (42 mm) und Gasdruckstoßdämpfern hinten, die durch einen internen Ausgleichsbehälter Überhitzung verhindern. Der Durchmesser des Hinterrades wurde verändert, und das Vorderrad erhielt eine zweite Bremsscheibe, um ein Motorrad zu kreieren, das eher einem Roadster- als einem Custom-Modell ähnelt. Die Café-Racer-Konturen verleihen der neuen Street Rod eine besonders originelle und hochwertige Optik, kombiniert mit einem kraftvollen und drehfreudigen Motor. Die Street Rod XG 750A ist gut ausbalanciert und somit auch für Anfänger geeignet. Mit ihrem wahrhaft amerikanischen Look und ihrer Vielseitigkeit überzeugt sie sowohl im Stadt- als auch im Überlandverkehr.

Street Rod XG 750A (seit 2017)

TECHNISCHE DATEN

MOTOR	
Typ:	60 Grad -V-Twin-Viertakter High Output Revolution X, flüssigkeitsgekühlt
Triebwerk:	eine Nockenwelle und vier Ventile pro Zylinder
Hubraum:	749 cm^3
Bohrung x Hub:	85 x 66 mm
Verdichtung:	12:1
Drehmoment:	64 Nm bei 4000 U/min
Gemischbildung:	Mikuni Twin-Port-Kraftstoffeinspritzung
Zündung:	elektronisch

KRAFTÜBERTRAGUNG	
Gänge:	Sechsgang
Primärantrieb:	Zahnräder
Sekundärantrieb:	Zahnriemen

FAHRWERK	
Rahmen:	Doppelschleifen-Stahlrohr
Lenkkopfwinkel:	27 Grad
Aufhängung vorne:	Telegabel 43 mm
Aufhängung hinten:	Schwinge und zwei Stoßdämpfer
Bereifung vorne:	120/70 x 17
Bereifung hinten:	160/60 x 17
Vorderradbremse:	zwei Scheibenbremsen (ø 300 mm, Zweikolben-Bremssättel)
Hinterradbremse:	Scheibenbremse ø 300 mm, Zweikolben-Bremssattel

Abmessungen und Gewicht	
Radstand:	1510 mm
Tankinhalt:	13,2 l
Trockengewicht:	225 kg

FXBB STREET BOB
FXBBS STREET BOB

2018–2020

seit 2021

Die 2006 innerhalb der Dyna-Familie angesiedelte FXDB Street Bob mutierte im Modelljahr 2018 zur FXBB Softail.

Die im schlichten Chopper-Stil designte Dyna Street Bob mit ihrem im Vergleich zu den Softail-Modellen günstigen Preis verkaufte sich seit ihrer Einführung sehr gut. 2018 wurde die Dyna-Familie aus dem Programm gestrichen. Einige Modelle lebten jedoch in der neuen Softail-Baureihe fort, darunter die Street Bob, die im Katalog blieb und die fortschrittliche Softail-Technik implantiert bekam. Dabei büßte die Street Bob die beiden hinteren seitlichen Stoßdämpfer ein und bekam den für die Softail-Familie typischen Hardtail-Look mit einem einstellbaren Monoshock-Dämpfer, der sich unter der Sitzbank verbarg.

Die FXBB Street Bob profitierte von einer der größten, wenn nicht sogar der wichtigsten Neuerung der Softail-Reihe 2018: dem völlig neu gestalteten Rahmen, mit dem nun die gesamte Familie ausgestattet ist.

Er ist steifer als vorher, aber auch leichter, und mit einer breiteren Schwinge ausgelegt, um einen breiteren Hinterreifen aufzunehmen. Vor allem aber sorgt er für ein strafferes Fahrverhalten und ein hervorragendes Handling, das durch die Beibehaltung des Mini-Ape-Hanger-Lenkers der Street Bob noch verstärkt wird.

Der neue luft- und ölgekühlte Milwaukee-Eight-Motor mit vier Ventilen mit 1746 cm^3 Hubraum und diskretem Kühler gibt eine weitaus höhere Leistung als bisher ab. Das Antriebsaggregat ist starr in den Softail-Rahmen eingebaut und verfügt über zwei vibrationsmindernde Ausgleichswellen, was sich vor allem im Leerlauf bemerkbar macht.

Im neuen Softail-Rahmen war es ein reines Vergnügen, die verbesserte Geschmeidigkeit und das Durchzugsvermögen des neuen Motors zu erproben. Die gelungene Überraschung des Modelljahrs 2018 wurde 2021 mit dem noch muskulöseren Milwaukee-Eight 114 gesteigert. Damit kam jenes gewisse Extra ins Spiel, das man an einem Custombike schätzt: ein kraftvoller Motor, der beim Hochschalten unaufhörlich zieht. Mit dem 107 konnte man mit der Nase im Wind gemütlich cruisen, aber der 114 versprach in Kombination mit dem leichtgängigen Fahrwerk noch mehr Fahrspaß.

FXBB 107 Softail Street Bob (2018–2020)
FXBBS 114 Softail Street Bob (seit 2021)

TECHNISCHE DATEN

MOTOR

Typ:	Milwaukee-Eight 107 (114), 45-Grad-V-Twin-Viertakter, luft- und ölgekühlt
Triebwerk:	Stößelstangen und Kipphebel, vier Ventile pro Zylinder
Hubraum:	1746 cm^3 (1868 cm^3)
Bohrung x Hub:	100 x 111,1 mm (102 x 114 mm)
Verdichtung:	10,0:1 (10,5:1)
Drehmoment:	149 Nm bei 3000 U/min (161 Nm bei 3000 U/min)
Kraftstoffzufuhr:	ESPFI, elektronische Kraftstoffeinspritzung
Zündung:	elektronisch

KRAFTÜBERTRAGUNG

Schaltung:	Sechsgang Cruise Drive
Primärantrieb:	Duplex-Kette
Sekundärantrieb:	Zahnriemen

FAHRWERK

Rahmen:	Doppelstahlrohrrahmen
Lenkkopfwinkel:	30 Grad
Federung vorne:	Telegabel 49 mm
Federung hinten:	Softail-Schwinge mit Monoshock
Bereifung vorne:	100/90B x 19
Bereifung hinten:	150/80B x 16
Vorderradbremse:	2 Scheibenbremsen (ø 300 mm, Vierkolben-Bremssattel)
Hinterradbremse:	Scheibenbremse (ø 292 mm, Zweikolben-Bremssattel)

ABMESSUNGEN UND GEWICHT

Radstand:	1630 mm
Tankinhalt:	13,2 l
Trockengewicht:	296 kg (299 kg)

FXDR 114

2019–2020

Die neue Softail-Reihe markierte 2018 einen veritablen Stilbruch für Harley-Davidson. Mit dem radikal neuen Fahrwerk und dem Milwaukee-Eight-Motor ermöglichte diese Plattform laufende Abwandlungen ohne große technische Eingriffe, und die FXDR des Modelljahrs 2019 stellte diese Vielseitigkeit unter Beweis. Das auf der Basis der 2018er Softail-Reihe entworfene, sehr sportliche Custombike stellte zugleich ein Übergangsmodell dar.

Die FXDR erinnerte mit ihren zwei konventionellen Stoßdämpfern hinten und dem auf Silentblöcken ruhenden Antriebsaggregat an die Dyna Glide. Zugleich verkörperte sie die Verbindung der Softail- mit den Dyna-Modellen, indem sie beide Familien in sich vereinte.

Die FXDR 114 entstand als »Power Cruiser«, also als Custom-Modell mit einer sehr sportlichen Philosophie. Sie war nicht das erste Harley-Davidson-Motorrad dieser Art – man denke nur an die 2018 verschwundene V-Rod –, aber deutlich radikaler, mit für die Marke ungewöhnlichen technischen Spezifikationen. Die V-Rod war etwas Eigenständiges und nicht wie die FXDR ein Motorrad, das zu einer erweiterten Harley-Davidson-Familie gehörte, wie es bei der Softail-Familie der Fall ist.

Die Linienführung der FXDR, die sich radikal von den Harley-Davidson-Stilcodes abhob, orientierte sich an japanischen Herstellern, und wie bei deren Motorrädern wurde auch hier für die Verkleidung (hintere Schwinge, vorderer Kotflügel, Seitenwände) viel Kunststoff verwendet, während bei den anderen Harley-Davidson-Modellen Blech zum Einsatz kommt. Dem Hersteller zufolge wurde das Verbundmaterial wegen der damit ermöglichten kreativen Freiheit gewählt, aber auch, um dieses Modell im Vergleich zu den übrigen Modellen leichter zu machen.

Ein Motorrad in diesem Stil bedeutete für Harley-Davidson einen neuen, radikalen Schritt, allerdings mit viel Risiko. Die FXDR eröffnete zwar neue Möglichkeiten, wich aber zu sehr von der Erwartungshaltung der traditionellen Kundschaft ab. Ein Teil der Harley-Davidson-Strategie für 2020, die als »Rewire« (Neuausrichtung) bezeichnet wurde, bestand darin, die Produktpalette um 30 Prozent zu reduzieren, und da die FXDR nicht erfolgreich war, wurde sie für das Modelljahr 2021 gestrichen.

FXDR 114 Softail (2019–2020)

TECHNISCHE DATEN

MOTOR

Typ:	Milwaukee-Eight 114, 45-Grad-V-Twin-Viertakter, luft- und ölgekühlt
Triebwerk:	Stößelstangen und Kipphebel, vier Ventile pro Zylinder
Hubraum:	1868 cm^3
Bohrung x Hub:	102 x 114 mm
Verdichtung:	10,5:1
Drehmoment:	162 Nm bei 3500 U/min
Kraftstoffzufuhr:	ESPFI, elektronische Kraftstoffeinspritzung
Zündung:	elektronisch

KRAFTÜBERTRAGUNG

Schaltung:	Sechsgang Cruise Drive
Primärantrieb:	Duplex-Kette
Sekundärantrieb:	Zahnriemen

FAHRWERK

Rahmen:	Doppelstahlrohrrahmen
Lenkkopfwinkel:	34 Grad
Federung vorne:	Upside-down-Telegabel, 43 mm
Federung hinten:	Softail-Schwinge mit Monoshock
Bereifung vorne:	120/70ZR x 19
Bereifung hinten:	240/40R x 18
Vorderradbremse:	2 Scheibenbremsen (ø 300 mm, Vierkolben-Bremssattel)
Hinterradbremse:	Scheibenbremse (ø 300 mm, Zweikolben-Bremssattel)

ABMESSUNGEN UND GEWICHT

Radstand:	1738 mm
Tankinhalt:	16,7 l
Trockengewicht:	289 kg

FLHTKSE CVO ULTRA LIMITED

2020–2021

Mit dem Erscheinen der FLHTKSE CVO als Ultra Limited Edition 2020 stieß dieser Harley-Davidson-Tourer in eine High-End-Dimension vor, die noch kein Motorrad je zuvor erreicht hatte.

CVO steht für »Custom Vehicle Operations«. CVO-Modelle sind werksseitig individualisierte Motorräder, die mit allen erdenklichen Extras ausgeliefert werden. Sie entstehen in limitierter Auflage mit entsprechend hohen Verkaufspreisen und verfügen über eine beeindruckende Palette von Zusatzausstattungen.

Seit 2014 stellten die FLHTKSE CVO Limited mit dem Twin Cooled Twin Cam 110 (1801 cm^3) die Spitzenmodelle der Luxusklasse von Harley-Davidson dar. Ab dem Modelljahr 2017 wurde der Milwaukee-Eight-Motor mit 1868 cm^3 eingebaut, der 2018 auf einen Hubraum von 1923 cm^3 anwuchs, was viel Fahrspaß aus fast zwei Litern Hubraum versprach.

Im Jahr 2020 wurde mit der FLHTKSE CVO Ultra Limited nachgelegt, die noch mehr Luxus, höheren Fahrkomfort und die herausragende Verarbeitung der CVO-Sondermodelle bot. Sie verfügte über das Assistenzsystem RDRS (Reflex Defensive Rider Systems), das die Beschleunigungs- und Verzögerungskräfte sowohl bei Geradeaus- als auch bei Kurvenfahrt an die verfügbare Reifenhaftung

FLHTKSE CVO Ultra Limited (2020–2021)

TECHNISCHE DATEN

MOTOR	
Typ:	Milwaukee-Eight 117, 45-Grad-V-Twin-Viertakter, luft- und ölgekühlt
Triebwerk:	Stößelstangen und Kipphebel, vier Ventile pro Zylinder
Hubraum:	1923 cm^3
Bohrung x Hub:	104 x 114 mm
Verdichtung:	10,2:1
Drehmoment:	166 Nm bei 3500 U/min
Kraftstoffzufuhr:	ESPFI, elektronische Kraftstoffeinspritzung
Zündung:	elektronisch

KRAFTÜBERTRAGUNG	
Schaltung:	Sechsgang
Primärantrieb:	Duplex-Kette
Sekundärantrieb:	Zahnriemen

FAHRWERK	
Rahmen:	Doppelstahlrohrrahmen
Lenkkopfwinkel:	26 Grad
Federung vorne:	Telegabel 43 mm
Federung hinten:	zwei seitliche Stoßdämpfer
Bereifung vorne:	BW 130/60B x 19
Bereifung hinten:	BW 180/55B x 18
Vorderradbremse:	2 Scheibenbremsen (ø 320 mm, Vierkolben-Bremssattel)
Hinterradbremse:	Scheibenbremse (ø 320 mm, Vierkolben-Bremssattel)

ABMESSUNGEN UND GEWICHT	
Radstand:	1625 mm
Tankinhalt:	22,7 l
Trockengewicht:	411 kg

anpasst. Ein Antiblockiersystem ist serienmäßig, dazu gibt es eine Tankreserve-Warnung, Cruise Control, ein Reifendruckkontrollsystem (Tire-Pressure Monitoring System, TPMS) und eine Rollsperre (Vehicle Hold Control, VHC). Letztere wird aktiv, wenn der Fahrer nach dem Anhalten den Handbrems- oder Fußbremshebel betätigt. Damit wird der Druck im Bremssystem aufrechterhalten und man kann den Bremshebel oder das Bremspedal an Steigungen oder Gefällen loslassen. Beim Anfahren aus dem Stand löst sich die Sperre automatisch – eine sehr nützliche Option bei einem so schweren Motorrad, insbesondere mit Sozius und zusätzlichem Gepäck.

Das Navigationssystem überzeugt mit 3-D-Grafik und -Orientierungspunkten. Mit dem »Boom! Box GTS Infotainment-System« bedient man alle Funktionen in Bezug auf Soundsystem und Verbindungen mit Smartphones und anderen elektronischen Geräten mit der Softwareerweiterung CarPlay von Apple.

Trotz seines astronomischen Preises war dieses Modell ein voller Erfolg und veranlasste Harley-Davidson, im Jahr 2021 eine zweite limitierte Auflage der FLHTKSE CVO Ultra Limited aufzulegen.

PAN AMERICA 1250
PAN AMERICA SPECIAL 1250

seit 2021

Seit ihrer Vorstellung im Jahr 2018 sorgte die Pan America für viel Gesprächsstoff, sowohl wegen ihres auffälligen Designs als auch wegen des neuen, als »revolutionär« angekündigten Motors.

Der ungewohnte Look dieser Harley-untypischen Reiseenduro stieß schon vor der Aufnahme in die Modellpalette 2021 auf reichlich Häme. Für alle Fahrer und Liebhaber dieses Segments, die die Möglichkeiten und Leistungsfähigkeit der Pan America testen konnten, steht allerdings fest: Dieses Modell ist gelungen. Auch wenn es Traditionalisten kaltlässt, sticht es von der übrigen Harley-Davidson-Palette ab und zielt auf ein neues Publikum.

Ein Verdienst kann man der Pan America auf keinen Fall absprechen: Sie versucht nicht, die BMW R 1250 GS, die absolute Referenz auf dem Markt, oder eines der anderen Motorräder dieser Kategorie zu kopieren. Stattdessen hat Harley-Davidson sorgfältig studiert, wie die Konkurrenz ein erfolgreiches Motorrad baut, das in puncto Ergonomie überzeugt und beim elektronischen Bedienungskomfort

mit den Maschinen der Rivalen mithalten kann. An diesem Erstling gibt es kaum etwas zu bemängeln, und die »Special«, mit der Harley den Großteil seiner Verkäufe erzielen will, ist so ausgestattet, dass sie mit den Spitzenreitern in diesem Segment mithalten kann.

Mag das Design auch gewöhnungsbedürftig sein, die Qualität der Komponenten ist jedenfalls einwandfrei, und im Gegensatz zu vielen anderen Reiseenduros besteht nicht die gesamte Verkleidung aus Kunststoff.

Der flüssigkeitsgekühlte Revolution-Max-V2 mit 60 Grad Bankwinkel, der in der Harley-Davidson-Produktpalette ein Novum darstellt, wird bald auch in anderen Modellen zum Einsatz kommen und sich insbesondere als Ersatz für den Antriebsblock der Sportster durchsetzen.

Mit ihrem scharfen Fahrwerk, das noch mehr überzeugt als der Motor, ist die Pan America 1250 effizient und sorgt für dynamischen Fahrspaß. Sicherheit und Komfort entsprechen den Standards der großen Adventure-Klasse. Dazu ein Gesamtkonzept, das keinen Anlass zur Kritik gibt – all dies sollte Harley-Davidson in die Lage versetzen, mit der Pan America in dieser hart umkämpften Klasse erfolgreich zu sein und einen neuen Kundenkreis zu erobern.

Pan America 1250 und Pan America 1250 Special (seit 2021)

TECHNISCHE DATEN

MOTOR	
Typ:	Revolution-Max 1250, 60-Grad-V-Twin-Viertakter, flüssigkeitsgekühlt
Triebwerk:	hängende Ventile, vier Ventile pro Zylinder
Hubraum:	1252 cm³
Bohrung x Hub:	105 x 72 mm
Verdichtung:	13,0:1
Drehmoment:	148 Nm bei 3500 U/min
Kraftstoffzufuhr:	ESPFI, elektronische Kraftstoffeinspritzung
Zündung:	elektronisch

KRAFTÜBERTRAGUNG	
Schaltung:	Sechsgang
Primärantrieb:	Duplex-Kette
Sekundärantrieb:	Kette

FAHRWERK	
Rahmen:	Doppelstahlrohrrahmen, Motor als tragendes Bauteil
Lenkkopfwinkel:	25 Grad
Federung vorne:	Telegabel 47 mm
Federung hinten:	Aluminiumschwinge mit Monoshock
Bereifung vorne:	120/70R x 19
Bereifung hinten:	170/60R x 17
Vorderradbremse:	2 Scheibenbremsen (ø 320 mm, Vierkolben-Bremssattel)
Hinterradbremse:	Scheibenbremse (ø 280 mm, Einkolben-Bremssattel)

ABMESSUNGEN UND GEWICHT	
Radstand:	1580 mm
Tankinhalt:	21,2 l
Trockengewicht:	254 kg

Renderings

Marco De Fabianis Manferto ist industriedesigner und erwarb seinen Produktdesign-Master-Abschluss am Istituto Europeo di Design (IED), mit Spezialisierung auf 3D-Modellierung am Politecnico di Milano. Für White Star schuf er die Renderings der Bücher *Ferrari: die legendären modelle; Porsche: die legendären modelle* und *Kampfflugzeuge: die berühmtesten modelle vom Ersten Weltkrieg bis heute* und arbeitete an den grafischen Entwürfen für das Buch *Dream Cars of the Twenty-First Century* mit. Darüber hinaus wirkte er als Berater an verschiedenen Büchern über Musik mit und fungierte als Herausgeber des Titels *Heavy Metal – From Hard Rock to Extreme Metal*, der bei White Star erschienen ist.

Bilder: © Marco De Fabianis Manferto/Consulting D&D

Text

Pascal Szymezak ist ein Motorrad-Fachjournalist. Er begann seine journalistische Laufbahn 1982 bei verschiedenen, auf Motorräder, maßgefertigte Bikes und Motorradreisen spezialisierten Verlagen und Zeitschriften. 1988 wurde er Chefredakteur einer Zeitschrift, die sich Harley-Davidson-Motorrädern, neuen amerikanischen Modellen, Choppern und Custombikes, der Geschichte des Motorrads und langen Reisen mit dem Motorrad widmete. 1987 übernahm er die Leitung des wöchentlich erscheinenden Motorradteils der Zeitung *Nice-Matin* und ist seit Anfang der 1990er-Jahre Autor und Co-Autor mehrerer Veröffentlichungen über die Marke, deren Maschinen er selbst regelmäßig fährt. Darunter *Legendäre Harleys; Harley-Davidson. A Way of Life* und *Harley-Davidson,* White Star.

Bildnachweis

Seite 3 Ross Gilmore/Getty Images
Seite 5 Anatoly Medved/TASS/Getty Images
Seiten 8–9 Pascal Szymezak
Seiten 10–11 Minnesota Historical Society/CORBIS/Corbis/Getty Images
Seite 11 Vintage Images/Alamy Stock Photo/IPA
Seite 12 Bettmann/Getty Images
Seite 13 Transcendental Graphics/Getty Images
Seite 14 Pascal Szymezak
Seite 15 oben Topical Press Agency/Getty Images
Seite 15 unten ISC Images & Archives/Getty Images
Seiten 16–17 National Motor Museum/Heritage Images/Getty Images
Seite 17 Underwood Archives/Getty Images
Seiten 18–19 Bettmann/Getty Images
Seite 20 Mit freundlicher Genehmigung von Yesterdays Antique Motorcycles – www.yesterdays.nl
Seite 21 Phillip Harrington/Alamy Stock Photo/IPA
Seite 22 Silver Screen Collection/Getty Images
Seite 23 Courtesy Everett Collection/Contrasto
Seiten 24–25 Dave King/ Dorling Kindersley
Seite 25 Pascal Szymezak
Seite 26 Pascal Szymezak
Seite 27 Pascal Szymezak
Seite 28 Pascal Szymezak
Seiten 29 Daniel Acker/Bloomberg/Getty Images
Seite 30 Pascal Szymezak
Seite 31 Pascal Szymezak
Seiten 34–35 Paul Hampton/Alamy Stock Photo/IPA
Seite 35 Gari Wyn Williams/Alamy Stock Photo/IPA
Seite 36 Graham Jepson/Alamy Stock Photo/IPA
Seite 37 oben Jerónimo Alba/Alamy Stock Photo/IPA
Seite 37 unten Vittorio Zunino Celotto/Getty Images
Seite 38 Carmen Sedano/Alamy Stock Photo/IPA
Seite 39 Lluis Gene/AFP/Getty Images
Seite 40 Anatoly Medved/TASS/Getty Images
Seiten 40–41 Jean-Philippe Ksiazek/AFP/Getty Images
Seite 42 Moviestore collection Ltd/Alamy Stock Photo/IPA
Seite 43 Pictorial Press Ltd/Alamy Stock Photo/IPA
Seite 44 Enigma/Alamy Stock Photo/IPA
Seiten 44–45 Imago/onmorepicture/IPA
Seiten 46–47 Danita Delimont/Alamy Stock Photo/IPA
Seite 48 David McNew/Getty Images
Seite 49 Francis Temman/AFP/Getty Images
Seite 50 Pascal Szymezak
Seiten 50–51 Graham Jepson/Alamy Stock Photo/IPA

Redaktionelle Produktion: VALERIA MANFERTO DE FABIANIS

Redaktionelle Koordination: GIORGIO FERRERO

Grafikdesign: MARIA CUCCHI

whitestar

WS whitestar™ ist ein Markenzeichen von White Star s.r.l.

Piazzale Luigi Cadorna, 6 - 20123 Mailand, Italien
www.whitestar.it

Aktualisierte Neuausgabe

Übersetzung, Lektorat und Satz: VerlagsService Dietmar Schmitz GmbH
Korrektorat: Beate Bücheleres-Rieppel

ISBN 978-88-6312-637-2
1 2 3 4 5 6 28 27 26 25 24

Gedruckt in China